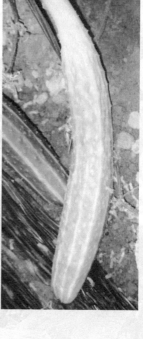

华北生态型黄瓜种瓜

北欧温室型水果黄瓜

黄瓜雌性系

1

冬 瓜

节 瓜

墨绿色西葫芦

金皮西葫芦（美洲南瓜）

碟形西葫芦

火炬形西葫芦

中国南瓜（盘状）

3

中国南瓜（香炉南瓜）

中国南瓜

板栗南瓜（印度南瓜）

4

蔬菜制种技术丛书

瓜类蔬菜制种技术

沈火林　乔志霞　编著

金盾出版社

内 容 提 要

本书由中国农业大学沈火林教授等编著。本书在介绍蔬菜良种繁育基本知识与技术的基础上,较全面具体地介绍了黄瓜、冬瓜(包括节瓜)、西葫芦、南瓜、苦瓜、丝瓜等6种瓜类蔬菜常规品种与杂种一代的制种技术。内容丰富,科学实用,文字通俗简练,适合广大菜农、种子生产单位及基层农业科技人员阅读参考。

图书在版编目(CIP)数据

瓜类蔬菜制种技术/沈火林,乔志霞编著.—北京:金盾出版社,2005.3

(蔬菜制种技术丛书)

ISBN 978-7-5082-3527-1

Ⅰ.瓜… Ⅱ.①沈…②乔… Ⅲ.瓜类蔬菜-作物育种 Ⅳ.S642.03

中国版本图书馆 CIP 数据核字(2005)第 013371 号

金盾出版社出版、总发行

北京太平路 5 号(地铁万寿路站往南)
邮政编码:100036 电话:68214039 83219215
传真:68276683 网址:www.jdcbs.cn
彩色印刷:北京百花彩印有限公司
黑白印刷:北京四环科技印刷厂
装订:海波装订厂
各地新华书店经销

开本:787×1092 1/32 印张:4.5 彩页:4 字数:96 千字
2009 年 3 月第 1 版第 4 次印刷
印数:25001—36000 册 定价:7.50 元

序　言

　　"一粒种子可以改变世界"。种子是农业科技进步的重要载体,是农业发展水平的重要标志。谁控制了种子,谁就掌握了农业的主动权。国内外的经验证明,优良品种在农业生产中增产的贡献率可达 30%～35%。所以,世界各国都十分重视品种改良、繁育和推广。优良的品种和优质的种子是蔬菜取得高产、优质和提高效益的基础;同时,抗逆能力强的品种有利于提高蔬菜生产的抗风险能力,有利于生产无公害蔬菜。因此,种子是蔬菜生产中重要的农业生产资料。新中国成立以来,我国的主要蔬菜品种已更换了 3～4 次,每次增产幅度均在 10% 以上,对促进我国蔬菜生产的发展起到了巨大的推动作用。

　　我国 2003 年蔬菜播种面积已达 0.167 亿公顷以上,是世界上最大的蔬菜生产国,对蔬菜种子的需求量是世界之最。我国已形成了从新品种选育、繁育到推广、销售和服务的庞大的蔬菜种子产业队伍。国际上一些大的种子集团纷纷抢滩中国蔬菜种子市场,我国蔬菜种子行业面临着前所未有的国内外市场竞争的考验和挑战。我国各级政府十分重视种子产业,深化种子产业体制改革,并实施"种子工程",以增强我国种子产业的市场竞争力。

　　蔬菜栽培方式多样,蔬菜的种类、品种极其丰富,其种子的繁育技术也相对较复杂;同时,蔬菜种子产业是我国由计划经济向市场经济转制较早的行业,市场化程度较高。面对新的形势,广大蔬菜生产者已经越来越认识到良种的重要作用,对蔬菜种子的质量已不再只重视外观包装,而更进一步重视内在的质量。

为适应蔬菜种子产业的需要,金盾出版社约请中国农业大学和西北农林科技大学的专家和学者编写了"蔬菜制种技术丛书"。丛书包括茄果类蔬菜、瓜类蔬菜、白菜甘蓝类蔬菜、根菜类蔬菜、绿叶菜类蔬菜、稀特菜等 6 类蔬菜的制种技术,系统地介绍了良种繁育的基本原理、各类蔬菜良种繁育的生物学基础、各种蔬菜的良种繁育技术和病虫害防治等内容。丛书科学性、实用性和可操作性强,可供广大菜农,从事蔬菜种子生产、管理的科技人员和农业院校有关专业师生参考。希望本丛书的出版能为进一步提高我国蔬菜种子生产水平、提高蔬菜种子质量发挥积极的作用。

沈火林

2004 年 8 月于中国农业大学

目　录

第一章 良种繁育的基础知识与技术

一、良种繁育的意义和任务

我国栽培的蔬菜种类有 100 多种,在同一种类中有许多变种,每一变种中又有许多品种,甚至品系。要提高蔬菜生产的产量、质量和效益,首先要有优质的良种,所以优良品种是蔬菜生产的基础生产资料,是优质、高产、高效益生产的基础。国外农业发展的经验证明,在提高作物产量方面,良种的贡献率占 30%～60%,目前我国只占 30%左右,种子的成本只占5%～10%,而增产的贡献率达 30%以上。

为满足市场对商品蔬菜日益增加的需要,在蔬菜生产中必须从两个方面入手来提高产量、质量和效益,即采用优良的农业技术措施和采用优质的良种,也就是良种良法配套。有了优良的品种和优质的种子,再采用良好的栽培措施,就可以获得高产、品质优良的产品。而优良品种的推广应用,必须有高质量的种子作为基础,否则,优良品种即失去生产价值。优良品种是通过各种育种途径选育出的,无论新品种还是老品种,每个品种都具有各自的遗传型,即品种的种性,而良种繁育的任务就是在较短的时间内,以较低的成本繁育出种性优良的优质种子,以满足蔬菜生产的需要。

为保证繁育良种的种性和质量,良种繁育时应建立健全蔬菜良种繁育制度,实现种子生产专业化,解决好原原种、原种、良种三级繁育制度的组织和生产管理;建立专业化的种子生产基地,并重视培养专业人才;要认真执行种子工作的各项规程,防止机械混杂和生物学混杂,连续定向选择淘汰,以保持原品种的典型性和纯度;要不断改进制种技术,提高繁殖系数,以增加种子产量和提高种子质量;并建立和改进种子加工、贮藏、检验制度和技术,以确保种子质量。

二、蔬菜品种与种子的概念及分类

(一)品种与分类

1. 品种的概念 蔬菜品种可以概括为"在一定的生态和经济条件下,通过人工选育或者发现并经过改良,具备特异性、一致性和稳定性,在一定时间内符合生产和消费的需求,并有适当命名的植物群体"。品种是具有一定经济价值的农业生产资料,是农业生产上栽培植物特有的类别,它是人类劳动的产物。未经人类选择的野生植物不能称为品种,但经人工改良的野生植物也可称品种。品种是栽培植物的类别,而植物学上的种和变种(科、属、种、亚种、变种)是根据亲缘关系、进化系统等来区分的分类单位。

作为特殊生产资料的品种,是在一定的条件下,人们按一定的目标培育的,因此,每一个品种皆具有一致和特定的经济性状,而且性状可以以一定方式代代相传。任何品种都是在一定地区和一定的栽培条件下形成的,当地的自然条件和栽培技术既是品种形成的条件,也是品种生长发育所要求的条件,因此,每一个品种都只能适应于一定的栽培地区、一定的栽培季节和一定的栽培技术,离开了它所要求的环境条件和栽培方法,就不能表现出其固有的优良性状,甚至完全丧失其优良性状,即品种具有地区适应性。因而利用品种时要因地制宜,接受或安排繁种任务时也要因地制宜,要了解品种特性,并要进行试种,以免造成损失。一个品种在一定的时间内,其产量、品质等性状符合生产和消费的需求,但随着经济、自然条件、生产条件和消费观念的变化,原有的品种就会变得越来越不适应,而失去品种的应用价值,需有新的品种来更换,所以品种是在不断地更新换代。

2. 品种的分类　品种可以从不同角度分成不同的类别,以了解不同类别的品种良种繁育的特点与技术上的难易,从而根据不同的类别,制定相应的繁种技术和措施。

(1)按后代的性状稳定性分类

①定型品种　性状可稳定地传至后代,这是通过常规育种法育成的品种或地方品种。当前生产中的豆类、芹菜、生菜、莴笋等蔬菜种类仍以定型品种为主,胡萝卜生产中部分品种为杂交种,部分品种为定型品种。这类品种良种繁育较容易。

②杂种品种(一代杂种)　它是通过亲本的选育、选配及采用一定的杂交制种技术,将基因型不同的亲本杂交产生的子一代应用于生产的品种,一般只能利用一代,个别种类的特殊组合可利用两代。

(2)按品种的来源分类

①地方品种(农家品种)　是农业生产上最早出现的品种,其栽培历史悠久,但纯度较差。是各地特别是边远地区蔬菜品种的重要组成部分。目前蔬菜商品菜生产基地栽培此类品种已越来越少,但栽培面积较小的蔬菜仍以地方品种为主。地方品种在良种繁育时应特别注意提纯复壮。

②育成品种　是按一定的育种目标,采用不同的育种途径,有计划、有目的地选择培育而创造出来的。育成的品种可

以是定型品种,也可以是杂交种。人工选育新品种可以通过调查、引种、选择、有性杂交、诱变等途径进行。

(二)蔬菜种子的概念与分类

1. 蔬菜种子的概念 蔬菜种子是有生命的、不可代替的基本的蔬菜生产资料,选用优良的品种及其优质的种子是蔬菜生产增产增值的最有效的和最经济的措施。从蔬菜生产来讲,种子包括的范围很广,只要在蔬菜生产中可作为播种材料的都称为种子,是蔬菜播种材料的总称。其中包括由胚珠发育而来的真正种子和蔬菜作物的任何其他器官或其一部分。

种子具有传递品种遗传特性的功能,能把品种的特性再传递给下一代,它又有特异性,在后代个体中发生各种变异。在适宜的条件下就能保持和提高种性或选育出新的品种,在不良的条件下,就会发生品种的退化。

2. 蔬菜的种子分类 按形态学可分为 4 类:第一类是真正的种子。仅由胚珠发育而来,如十字花科、茄科、葫芦科、豆科等蔬菜。真正的种子是种子植物独有的,是由胚珠经过受精作用而发育成的一种有性繁殖器官。第二类种子是属于果实。由胚珠和子房构成的,如菊科的莴苣、茼蒿(瘦果),伞形科的芹菜,胡萝卜(双悬果),藜科的菠菜(聚合果)等。第三类种子是营养器官。如鳞茎(葱蒜类)、球茎(芋头)、块茎类(马铃薯)、根茎(草石蚕)、块根(山药)等。第四类种子是真菌的菌丝组织,也称为菌种。如蘑菇、草菇、香菇和木耳等。

某些蔬菜作物可以有性繁殖也可以无性繁殖,如一般进行有性繁殖的番茄、甘蓝、大白菜等也可用扦插的方法进行无性繁殖;韭菜、石刁柏既可分株繁殖,也可用有性繁殖。但上述蔬菜在大面积生产中均采用有性繁殖。大多数蔬菜种类的播种材料是真正的种子,即按照植物形态学分类的第一类和第二类,属有性繁殖的种子。

3. 优质种子的含义及其重要性　作为良种,应包括优良品种和优质的种子两方面内容,优良品种是以优良种子为载体表现出来的,如果没有优良的种子,优良的品种也就失去了利用价值。因此,蔬菜种子工作在蔬菜生产中具有重要的地位。

三、品种退化及防止退化的措施

(一)品种退化的表现和危害

品种退化是指品种遗传纯度降低而导致种性发生不符合人们要求的变化。蔬菜品种在生产栽培的连续使用过程中,常因品种种性发生严重劣变而不得不中止使用,使其应该继续在生产中发挥作用的年代中过早地被淘汰,缩短了品种的寿命。

品种退化主要表现在品种发生混杂和退化两个方面。

1. 混杂　主要指品种纯度降低。即具有本品种典型性状的个体,在一批种子所长成的植株群体中,所占的百分率降低。品种纯度降低,必然造成产量和质量的下降,混杂的程度越严重,即纯度越低,损失越大。

2. 退化　主要是指如下情况:①经济性状变劣,如萝卜等先期抽薹率高;②抗逆性降低,即对不良环境条件和病虫害的抵抗力降低,在生产中的表现就是对不良环境适应性差,发病率增高,病情加重,植株生长发育不良等,最终导致产量和质量下降;③生活力衰退。生活力衰退的表现是指与上代比较或与同一品种的其他来源的种子相比较,品种在株高、叶重、株重等方面的生长量或生长速度降低。生活力衰退的原因除种性退化和环境条件不良等因素外,还可能因种子的品质不良而引起。种子品质主要指种子的发芽率、发芽势、净度、活力等。

(二)品种退化的原因

引起品种退化的原因是多方面的,最根本的原因是缺乏完善的良种繁育制度,没有认真采取防止混杂、退化的措施,对已发生混杂的品种又未及时加以处理。

1. 生物学混杂(杂交混杂) 这种混杂,主要是由于在种子繁殖过程中,未将不同品种、变种、亚种或类型进行适当的隔离而发生了自然杂交(天然杂交、串花)造成的。各种作物都可能发生生物学混杂,但异花授粉作物最为普遍,其中又以自交结实率低的萝卜等十字花科蔬菜为甚,这是引起品种混杂退化的最主要原因。生物学混杂在种内最容易发生,有时也可以发生在种间,如白菜和芥菜,其杂交后结实率可达10%～15%;另外,胡萝卜与野生胡萝卜也易杂交而发生生物学混杂。瓜类蔬菜异交率也很高,也很容易发生生物学混杂。

在影响自然杂交的因素中,除蔬菜的种类(亲缘关系远近、异花或自花授粉外),采种田的面积大小,传粉昆虫的种类和活动情况外,气候条件及采种田间的障碍情况也是重要的因素。

2. 机械混杂 是指某一品种内混入其他品种的种子,这是人为造成的当代混杂。这种混杂就一批种子或一个品种群体来说是混杂的,但就一粒种子或一个单株来讲还是纯的。

机械混杂主要发生在良种繁育过程中,当进行种子的收获,在后熟、脱粒、晒种、贮藏、调运等作业中,不按良种繁育技术规程办事,操作不严,使繁育的品种内混进了其他种类或品种的种子,就会发生机械混杂。机械混杂还会发生在不合理的轮作和田间管理的条件下,如前茬作物和杂草种子的自然脱落,以及施用混有其他作物种子的未经充分腐熟的厩肥和堆肥等也会造成机械混杂。当然,在种株培育阶段,也会因浸种、催芽、播种、分苗、定植、补苗等作业中操作不严而造成机械混杂。

对已发生的机械混杂,如不及时清除,其混杂程度就会逐年加大。另外,机械混杂还会进一步引起生物学混杂,所以,异花授粉蔬菜机械混杂的不良后果,一般比自花授粉作物严重得多。

机械混杂有两种:一种是品种间混杂,即混进同一种蔬菜其他品种的种子;另一种是种间混杂,即混进其他种类蔬菜或杂草的种子。

品种间混杂是由于种子和植株在形态上相近,因此,田间去杂和室内种子精选时都难以区分,不易除净,故应特别注意防止发生这种情况。种间混杂虽因容易区分而易于解决,但也有不少蔬菜种子和幼苗亦难区分,因此也须加以注意。

机械混杂和生物学混杂所以是引起品种劣变最重要的原因,是由于外来品种的基因进入了本品种群体,引起群体基因频率的变化,从而使品种群体的遗传组成发生急剧变化。外来的品种类型愈多,进入数量愈大,这种影响也愈严重,特别是生物学混杂引起的基因重组,对基因型频率的改变影响更大,而机械混杂往往是生物学混杂的先导,它对品种混杂起着推波助澜的作用。

3. 不重视选择或选择不当　一个品种在投入生产利用

之后,品种本身的遗传性会发生变化。一般地说,优良品种其主要性状是一致的,但不同植株间各种性状的基因型不可能都是完全纯合的,而杂合体的后代就容易产生变异。此外,机械混杂和生物学混杂会引起基因重组,在自然条件下还会发生某些突变,且突变中有利的变异少。因此,在良种繁育过程中,如不注意严格的选择和淘汰已发生变化的植株,任其自然授粉留种,必然导致种性的退化。另外,有些自然选择和人为选择方向不同的性状,需要经常性的选择压力,才能维持稳定,如果不重视选择或选择标准及方法不当,同样会引起品种的退化。

4. 留种植株过少和连续的近亲繁殖 一个品种群体的一些主要经济性状的基因型应保持一致性,而其他性状应保持适当的多型性。如前所述,任何高纯度的品种,群体的基因型也不是绝对纯的。正是由于品种群体遗传基础较丰富,才能表现出具有较高的生活力和适应力,如果在良种繁殖过程中,留种株数过少,特别是异花授粉蔬菜的连续人工自交繁殖和授粉不良,都会造成品种群体内遗传基础贫乏,从而造成品种生活力下降,适应力减弱。当然,留种植株过少,由于抽样的随机误差的影响,必然会使上下代群体之间的基因频率发生波动,改变群体的遗传组成,就是基因的随机漂移。个体间的差异愈大,留种数量愈少,随机漂移就愈严重。反之,如果品种纯度高,留种量又多,就可以明显减轻随机漂移的影响。一般说来,随机漂移不是改变群体遗传组成的重要因素,但在小群体情况下,就不能忽视随机漂移的影响。

此外,连续近亲繁殖,还会使一些不利的隐性基因纯合而表现出来,这也是造成品种退化的原因之一。

5. 不良的自然条件和不合理的农业技术措施 由于自

然条件和栽培措施不适合,会使品种的种性下降。如温室黄瓜常年露地留种,大白菜连年用小株采种等。

6. 其他因素造成的退化 用感病及发育不良或生长后期的植株或果实留种,也是造成品种退化的原因。

(三)防止品种退化的措施

品种因混杂退化而发生劣变的现象是蔬菜种子生产中长期存在的问题,为了延长品种寿命,使优良品种能在生产中较长时间地发挥作用,必须针对引起种性劣变的因素,采取行之有效的措施加以防止。在防止措施中,除健全良种生产体系,建立良好的种子繁殖基地以及认真执行种子工作的各项操作规程,防止机械混杂和加大留种株数,改进采种技术外,选择和隔离是关键措施。

1. 选择与淘汰 蔬菜品种在栽培过程中,由于受各种条件的影响,除了容易发生机械混杂和生物学混杂外,还会发生自然突变。在良种繁育过程中,如果长期不注意进行严格的选择和淘汰,就会使品种的种性发生改变。所以在良种繁育中要不断地进行选择和淘汰,但良种繁育中的选择目的是要保持原品种的典型性。

选择方法是直接影响选择效果的主要因素。选择时,如果方法不恰当或选择标准不明确或未做到连续定向地代代选,当代中多次选,效果也不会好。因此,选择要以品种典型性状为标准进行,同时每一代,以及在同一代内,应根据原品种性状,在容易鉴别品种特性的时期分几次进行。一般是对原种要按同一标准进行单株或单果选;对生产用种应在片选的基础上,认真地去杂去劣。

2. 隔离 植物在进化过程中,为了防止杂交,形成了多种自然隔离现象,如地理隔离(两个种在地理上分开,从而无法接触)、季节隔离(两个种出现于相同的场所,但开花季节不同)、暂时隔离(两个种开花期相同,但花粉释放和柱头接受花粉却出现于同一天的不同时期)、结构隔离(互交可孕的亲缘种间,其花的结构不同,只有同一种植物的花可获得花粉)等。在良种繁育中,为了确保品种纯度,防止生物学混杂,亲缘关系较近的蔬菜(种以下的亚种、变种、品种、品系)之间,必须严格隔离采种。也就是要人为创造隔离环境,即进行人工隔离采种。

瓜类蔬菜中大多数为异花授粉,且均为虫媒花,传粉昆虫中又以传粉能力强、活动范围广的蜜蜂为主,因此,严格隔离条件尤为重要。由于上述特点,瓜类蔬菜繁种中隔离一般采用空间隔离(距离隔离)方法,这种方法也是良种繁育中经常采用的主要方法,只要将容易发生自然杂交的品种类型、变种之间相互隔开适当距离进行留种即可。但究竟应当隔开多远才恰当,主要应考虑到影响自然杂交的因素以及杂交发生后对产品经济价值的影响的大小来确定。黄瓜等制种中也可采用网纱隔离的方法,即在纱棚内采种,种子产量高,效果好,但制种的成本显著增加。

隔离距离的确定要注意以下几点:①种子级别。种子级别高(如原原种、原种),隔离的距离要大于生产用种(良种)。②有无屏障。有屏障时可近,否则要远。③传粉昆虫的种类和数量。蜂类要远,昆虫多的要远。④作物之间的亲缘关系。这是关系到杂交的难易问题,亲缘关系愈近,越易杂交,隔离就要越远。⑤采种田的面积。面积大的可适当缩短隔离的距离。⑥采种田的自然地域位置。留种田如处于下风口则距离应大。⑦蔬菜作物发生自然杂交后影响的大小。杂交后影响越大隔离越远。

如黄瓜与甜瓜不同种间虽不能杂交,但甜瓜的花粉可促进黄瓜单性结实,所以两者也应有几十米的隔离距离。瓜类蔬菜采种时品种间隔离距离一般要求在1000米以上。为保证隔离距离,在繁种时要特别注意加强繁种品种的地区分布管理,在一定的范围内要统一组织,同一品种相对集中,使不同的品种间保证有安全的隔离距离。

(四)品种的提纯与复壮

提纯是指将已发生混杂的品种种子,采用一定的选择方法,按品种原有的典型性状加以选择、去劣,从而提高品种纯度。复壮是指通过异地繁殖,品种内交配,人工辅助混合授粉及选择等措施,使生活力和抗逆性衰退的品种得以恢复其生活力和抗逆性的做法。

品种提纯复壮的方法较多,常用的有以下几种。

1. 选择方法 是在良种繁育实践中采用的主要提纯复壮的方法。当混杂退化(特别是混杂)严重时,可采用多次单株选择法和双系法。在一般情况下,可采用母系法或改良单株选择法。

(1)多次单株选择法(系谱选择法) 是从原始群体中,选出具有本品种典型性状的若干优良单株,分别编号,分别采种,下一代分别播种在不同的小区内,每个小区内种植的植株是一个单株的后代,称为株系,经过鉴定选出优良的株系。如果株系间和株系内株间差异较大,则应再从优良株系内选出优良单株,直至性状和一致性符合要求为止。这种选择法适用于自花授粉蔬菜。异花授粉采用此法时,必须进行人工授粉自交。

(2)双系法 双株成对授粉,即从人选的优良单株中进一步选出性状更为相似的单株,成对异交,异对间隔离,分株收种,分株播种,选出优良母系株。根据情况,进行一代或多代选择。

(3)母系选择法 是从原始群体中选出典型、优良的单株,在翌年采种时,进行株间混合授粉,但按单株分别收种和分别播种。

(4)改良单株选择法 是将单株选择法和混合选择法(从原始群体中,选出优良单株,混合采种,混合播种)结合应用的一种方法,即进行至几代单株选择,再进行一代或多代混合选择。

2. 生活力、抗逆性降低,退化严重时的措施 ①利用不同地区来源的种子或同一地区不同采种年份的种子,或用同一年份不同栽培条件下采收的种子进行品种内交配。②利用异地采种或异地培养母株(2年生蔬菜)的方法。③株间授粉的方法。即利用株间差异增加异质性,提高生活力。对于异花授粉蔬菜进行人工辅助授粉,可使母体接受足量的花粉以满足受精的选择要求,从而有利于增加生活力。④选用种株最佳部位产生的种子和千粒重量大的优质种子繁殖。⑤从原选育单位重新引进同一品种未退化的种子。

采用提纯复壮的措施以恢复品种种性虽具有实用性,但也存在局限性。因为不是所有退化的品种都可以通过自身的提纯复壮得到恢复的。这就要求种子工作者要注意采取以防为主的措施,延长品种的使用年限,同时要不断培育出新品种以更换有缺陷的品种。

四、花的构造及花器的形成

（一）花的构造

花是被子植物的生殖器官，它可以在主茎或其侧枝上产生，或同时在二者上产生。根菜类蔬菜大多是雌雄同生于一朵花的两性花。一朵典型的花由花柄、花托、花萼、花冠、雄蕊、雌蕊组成。

1. 花柄和花托　花柄是每一朵花所着生的小枝。它支持着花，同时又是茎和花相连的通道。不同作物的花柄长短各不相同。花托是花柄顶端着生花萼、花冠、雌蕊、雄蕊的部分，通常是着生在枝的顶端。

2. 花萼和花冠　花萼由若干萼片组成，花冠由若干花瓣组成。花萼与花冠合称花被。如果花被不分化为花萼和花冠，称为被片。它是保护花的主要部分。花萼位于花的最外层，一般为绿色叶状薄片，在其内部充满了含叶绿体的薄壁细胞，但没有栅栏组织和海绵组织的分化。大多数植物的萼片各自分离，这样的花萼叫分离萼（离萼）；如根菜类中的萝卜。也有一些植物的所有萼片连在一起，成为合萼花萼（合萼），如茄科蔬菜的番茄、茄子、辣椒。合萼下端连合的部分叫萼筒。萼片通常开花后即脱落，但也有直至果实成熟，花萼依然存在的，叫宿存萼，如番茄、茄子的花萼。花冠位于花萼的里面，它和萼片一样，在内部结构上很像叶，它们基本上由薄壁组织、维管束系统和表皮组成。花瓣内的维管束和营养叶中的一样形成相当复杂的系统。花瓣有各种颜色，这是由于花瓣细胞内含有花青素或有色体之故。含花青素的花瓣则显现红、蓝、紫各色，含有色体的则呈黄色、橙黄色或橙红色,有的花瓣二者全有,则呈现出各种色彩,两者都没有的则呈白色。花瓣的表皮细胞常含挥发油,使花散发出特殊的香味,花瓣的颜色和香味对吸引昆虫传粉具有重要作用。

3. 雄蕊 雄蕊位于花冠的内侧,一般直接着生在花托上,也有的基部和花冠相连,因而着生在花冠上。雄蕊一般排列成轮状,一轮或多轮,与花瓣互生或对生。一朵花中雄蕊数目的多少,各类植物有所不同,如萝卜雄蕊数目是 6 枚。雄蕊一般由花药和花丝两部分组成。花丝是花药的一个细柄,其基部着生在花托或花冠上,具有支持花药的作用。它的结构也是由表皮、基本薄壁组织和维管束组成。花丝顶端与花药的药隔相连,维管束贯穿其中,从而沟通了通往花药的水分与营养物质的运输。

花药是雄蕊的主要部分,通常由 4 个或两个花粉囊组成,分为两瓣,中间以花药隔相连,有来自花丝的维管束穿过。花粉囊包含薄壁层和药室。花粉囊里产生许多花粉粒,花粉成熟后,花粉囊裂开,花粉散出。花粉囊开裂的方式有几种,大多数植物是纵裂,即花粉囊沿纵轴裂开,如番茄、辣椒、白菜、萝卜、胡萝卜等。一种是孔裂即在花粉囊的上部裂开一孔,如茄子,马铃薯;另一种是瓣裂,即花粉囊裂开时,以一瓣片向上揭开。

雄蕊通常是分离的,但也常常有各种方式的连合,如豆类蔬菜的 10 个雄蕊的花丝中有 9 个相连,另外一个是单独的;番茄的 5～6 枚雄蕊的花药借表皮毛相互拉连而聚合成筒状等。不同种类的蔬菜雄蕊的形态、结构、数量、大小,花药开裂散粉的方式、时间,花粉的数量和大小等有较大差异。在良种繁育工作中,应在了解上述特点的基础上加以利用。

4. 雌蕊 雌蕊位于花的中央部分,由柱头、花柱和子房三部分组成。雌蕊是由心皮构成的。心皮是一个变态的叶,心皮边缘相结合的部分称腹线。在心皮中间相当于叶片中脉的部分称背缝线。在背缝线和腹线处都有维管束。胚珠通常着生在腹线上,维管束由此分枝进入胚珠中,构成胚珠中的维管束系统,供应胚珠需要的营养物质。

子房是雌蕊基部膨大成囊状的部分,由子房壁、胎座、胚珠组成,是雌蕊的最主要部分。它的形状大小,因作物种类不同而有很大差异。由一个心皮形成的子房称单子房,只有一室,如豆类蔬菜;由多心皮组成的子房称复子房,如大葱、韭菜。雌蕊的子房着生在花托上,有的只是子房的底部和花托相连,其余部分独立,称为上位子房,如萝卜等十字花科蔬菜的子房;有的子房和花托完全结合在一起,称为下位子房,如葫芦科蔬菜的子房。

子房内着生胚珠,胚珠是种子的前身。每一子房内胚珠的数目随作物不同而有很大差异。要使胚珠皆能发育成正常的种子,必须注意给予良好的条件。

花柱为子房上部雌蕊伸长的部分,它是花粉管伸入子房的通道,同时也是花粉管部分养分的供给者,因而授粉等操作时不可损伤。就花柱与花粉管生长的相互关系而言,花柱有三种类型,即开放型、闭锁型和半闭锁型。开放型花柱具有中空的宽敞的通路,但无通导组织,由内皮本身诱导花粉管生长,并以其细胞质供作花粉管生长的营养来源,如大葱的花柱。在闭锁型花柱中,花柱的中央部分由疏松的薄壁组织构成的通导组织所填满,花粉管是在富含细胞质的细胞之间穿行前进的,如甜玉米的花柱。而半闭锁型花柱中,花粉管则是沿着退化的通导组织的通路曲折向前。花柱的形状、长短、粗细因不同的作物而异。

柱头生长于花柱的顶端或上部表面,是摄取和接受花粉的器官,也是花粉的天然培养基。当它成熟时,可被分泌物所覆盖。柱头分泌物的成分主要为类脂和酚的化合物(花青苷、黄酮醇、肉桂酸)。分泌物的类脂可起防止水分失散的作用,酚的化合物以苷和酯的形式存在,其作用与表皮细胞壁的蜡质相似。但是它们水解后,可以提供花粉萌发必需的糖。酚化合物还有其他的功能,为防御昆虫为害,抑制感染病菌以及刺激或抑制花粉的萌发,起到选择作用。不同蔬菜种类,柱头的形状、大小、结构不同,如萝卜等十字花科蔬菜柱头呈盘状,胡萝卜等伞形科蔬菜柱头为线状二裂,葫芦科的瓜类蔬菜柱头为肉质多瓣。

作物柱头和花柱所具有的特点也是长期自然选择的结果,它与授粉有直接关系。注意观察和了解不同蔬菜种类柱头和花柱特点将有利于提高授粉效果。

雌蕊为花的主要部分,是果实和种子的前身,故需使之发育良好,同时在人工去雄及授粉时应尽量不要损伤。

多数蔬菜作物的花具有蜜腺。蜜腺是花朵分泌蜜汁的组织,分为具结构和不具结构两种,后者在外表上很难辨认,一般在表皮下面的分泌组织与表皮结合在一起形成蜜腺。蜜汁可由细胞壁的扩散或角质层的破裂分泌出来,也可通过气孔这个渠道溢出体外。

蜜汁主要含有多种糖类,其他还有氨基酸、蛋白质、有机酸、无机盐和维生素等营养物质,以及蔗糖酶、氧化酶与酪氨酸酶等,营养十分丰富。蜜腺及其分泌的蜜汁,对于招引传粉昆虫十分重要,异花授粉蔬菜蜜腺不发达会严重影响招引昆虫传粉而造成种子减产。

(二)花器官的形成

蔬菜植物经营养生长之后,再经过一系列复杂的生理生化变化,一些原来形成茎、叶的叶芽发生质变,开始转入生殖生长,在茎上分化出花芽,进而发育成花蕾。花芽有的着生在茎的顶端,有的着生在茎干叶腋间。因为蔬菜种类不同,有的花芽只能形成一朵单花,如多数瓜类蔬菜;有的花芽可以形成多花集生的花序,如十字花科、伞形科、百合科的蔬菜。

当植株开始转入生殖生长时,其茎尖生长锥顶端分生组织不再分化叶原基和腋芽原基,而转为分化花原基或花序原基,并逐渐形成花和花序。这个从花原基的发生到形成花的过程,称为花芽分化。花芽分化开始时,其茎尖顶端的细胞分裂加快,茎尖生长锥增大,呈半圆形或圆锥形,并在其基部的周缘最先分化出叶状的总苞原基,然后再自下而上或由外向内不断地进行花的分化,形成许多小突起状的花原基。这些原基都是幼嫩的细胞群,细胞分裂能力很强,它们经过一段时间的生长分化后,形成花的各部分,各部分继续生长分化,雄蕊原基分化出花药,心皮原基连合成雌蕊,并且下部膨大形成子房和其内的胚珠,这样一朵花就基本上形成了。

五、蔬菜种子的形成、构造与后熟

(一)蔬菜种子的形成

花粉落在柱头上[柱头表面常有毛状细胞(豆科)或分泌黏液(茄科和葫芦科)],柱头上分泌出特殊的营养物质和酶,通过互相识别或选择,亲和的花粉在几分钟或几个小时内萌发,形成细长的花粉管,并不断地在花柱中伸长,一般通过珠孔进入胚囊内,完成受精过程,也可通过合点等进入胚珠。

不同的种类和品种的花粉在柱头上的发芽率、发芽速度及花粉管的伸长速度不同,其完成授粉受精过程所需要的时间也不同,杂交和自交需要的时间差别更大。不同环境条件对花粉的萌发和花粉管的伸长也有影响,一般花粉粒萌发的最适温度为 20℃～30℃,如番茄为 28℃～30℃。

柱头的受精能力一般能维持一至几天,不同的种类和品种不同;同时大多数作物开花前 1～3 天柱头就有授粉受精的能力。如萝卜开花前 1～3 天雌蕊已成熟,开花后受精能力维持 2～3 天。

(二)蔬菜种子的构造

1. 蔬菜种子的基本形态和基本构造　蔬菜种类很多,其形状、大小、颜色差别很大,但大多数种子基本构造相同,都是有种皮、胚和胚乳(有的退化)三大部分组成。种子的结构与种子的贮藏和发芽出苗有密切关系,同时,形态特征也是种子鉴别和分级的重要依据之一。

(1)种皮　种子的最外层结构,由珠被发育而成。其作用是保护种子内部结构和限制种子内部对氧气和水的吸收,对种子的休眠和萌发有非常重要的意义。

(2)胚　是种子的核心部分。被子植物的胚是由受精卵发育来的,完全的典型胚由胚芽、胚轴、子叶和胚根组成。

(3)胚乳　是种子贮藏养分的主要器官,被子植物胚乳为三倍体。分为有胚乳种子和无胚乳种子。有胚乳种子中胚乳发育充分,如藜科的菠菜、茄科的番茄等种子;无胚乳种子在种子发育中胚乳营养已基本耗尽,种子的养分主要贮藏在子叶内,如十字花科、葫芦科的种子。

2. 蔬菜种子的化学成分及其特点　种子中富含营养物质,这是种子发芽和形成健壮幼苗的物质基础,其贮藏物质的种类和量,直接影响种子的贮藏性、发芽特性等生理特征。在种子生产中应尽可能地使种子中贮藏更多的养分。

种子的化学成分主要是水分、糖类、脂类、蛋白质及其他含氮化合物,此外还含有少量的矿物质和维生素、酶等。与大田作物相比,蔬菜作物种子中多数含蛋白质、脂肪、纤维素较高,而淀粉、糖类较低。

同时种子成熟过程中的环境条件和管理技术也影响其含量。种子中的水分以两种形式存在:自由水(游离水)和束缚水。种子的一切代谢活动都是在有自由水存在下进行的,自由水减少或全部散失,种子生理活动处于最低程度。所以,种子贮藏应尽量减少自由水含量,使之处于安全含水量以内。

(三)蔬菜种子的后熟

1. 蔬菜种子后熟的概念　所谓种子后熟指的是种子在果实或植株中最后进行生理生化的过程,或者说是种子工艺成熟至生理成熟所经历的一段时间。从种子各器官形态上看是发育完全的,但是种胚没有完成最后的生理成熟阶段,其内部还没有完成一系列生理生化的转化过程,内部的营养物质尚未转化成可被种胚吸收的水溶性物质,只有完成上述一系列的过程之后,种子才具备发芽能力。种子没有通过后熟作用,而不发芽是种子休眠的原因之一。

在种子后熟期间,养分的积累已经停止,所发生的一系列生物化学变化,主要是物质的合成过程,把简单的营养物质转化成复杂的营养物质。种子后熟,是种胚生理性变化的完成阶段,此阶段受水分、温度和氧气等环境条件支配。在种子后熟过程中,氧化还原酶类的活性降低,呼吸强度减弱,水解酶由游离状态转化为吸附状态,这时给予适宜条件,种胚就可迅速后熟,很快具有发芽能力。种子完成后熟之后,随着种子内部贮藏的营养物质由不可吸收状态转化为可吸收状态,种皮的不透性也逐渐自然解除,种子进入等待"时机"发芽。

2. 蔬菜种子后熟的作用 各种植物的种子都不同程度地有一个或长或短的后熟期限。种子在相同的生理状况、相同的环境条件下,都有一个相对稳定的后熟期的数值。不同的蔬菜种类,不同的品种,不同的种子成熟度,种子不同的含水量,不同的后熟方式以及各种不同的环境条件,都能显著影响种子后熟作用时间的长短。甚至在同一植株上或同一果实内不同部位上的种子,完成后熟作用的时间长短也不相同,有的需几个小时,有的需要几周甚至几个月。

种子后熟的作用是提高种子的发芽率。种子的成熟度愈高,后熟所需要的时间愈短。大多数蔬菜作物种子后熟期不长,但非常重要,尤其是瓜类和茄果类,未经充分后熟,将严重影响发芽率、发芽势及以后幼苗的生长。

果实成熟度愈高,后熟的时间愈短;果实成熟度愈低,后熟的时间愈长。所以,采收中应尽量采收成熟的果实,以缩短后熟时间或直接采收种子,再将干种子进行较长时间的后熟。另外,为促进瓜类等蔬菜种子的后熟,也可采用原汁发酵后熟的方法,以防止种子在后熟时发芽霉烂。但原汁中不能掺进水分,也不能用铁器盛装,否则种子易发芽和变色。

六、种子生产的一般技术

(一)蔬菜种子高产优质生产基地的建立

要保质保量地生产种子,从技术上说,包括防止品种劣变的隔离、正确的选择、合理的培育和授粉条件、种株种果的适时采收、脱粒以及良好的加工、贮运条件等生产程序,而以上生产程序和技术措施的贯彻执行,需要有3个前提条件,即要有人力、土地和一定的设备及原种子。只有具备以上条件,才能选定为种子繁育基地。

1. 选择适宜的生态区　在蔬菜生产实际中,根据蔬菜品种的生物学特性,选择适宜自然条件的地区生产蔬菜种子,这是优质高产的基础。一般宜选择光照充足、温度和降水量适中、无大风等良好的自然环境生产种子,而夏季温度太高和冬季温度太低的地区,通常不利于种子生产。

我国地域辽阔,气候条件多样,为蔬菜种子生产带来极有利的条件。根据蔬菜采种植株的生物学特性以及种子质量要求,我国蔬菜种子生产基地区域化,初步形成了主要种类蔬菜种子生产基地。

建立蔬菜种子生产基地的根据是:①采种植株生物学特性和开花授粉结实习性。②采种基地的生态条件,如生长期的长短、温度条件(即低温和高温情况、昼夜温差、冬季温度等)、光照条件、降水量和多雨季节等。③隔离条件与交通能力等:基地应选择在自然条件适宜,且利于蔬菜的生长,便于隔离,交通方便的地区。④领导和技术力量。领导和技术力量强,生产水平高,群众有繁种的积极性。即应注意资金的拥有情况、劳动力的素质、技术和管理工作的能力。⑤收益。保证能提高农民的收益。

2. 选择适宜的采种地 在基地内可以大量繁育较多的蔬菜种类和品种。基地包括许多采种田和进行种子采收、脱粒、精选、加工及短期贮藏等设施,以及一套生产管理组织。所以,在选择合理的生态区的基础上,进一步选择生产基地和采种田是十分重要的。采种田是根据种子繁育计划安排的栽种种株的地块,它一般安排在种子生产基地内,但也可以单独设立。应注意的几个方面:①隔离。采种地段的确定,必须以便于隔离和管理为前提,并可节约成本和控制种子质量。同时要根据地质、水源、风向等条件具体安排。在以农户经营为主的地区建立种子基地,为了便于隔离和管理,确定地段时,应使各地段连片。杂交种地块连片尤为重要。②土壤结构和肥力应与采种的品种特性相一致,如是耐贫瘠的品种,肥力也应差些。③轮作。同科内不能轮作,以免传染病害;同一种作物或易杂交的作物更不能连作,以免因前茬植株留在田间引起混杂。④土传病害。一般不要在土传病害多的土壤上生产生产用种;但原种的生产有时相反,可在有土传病害的田块上繁种,以淘汰不抗病的植株。⑤要有专人按技术要求进行栽培管理和收获。

(二)制种基地的规划布局

合理布局、适当集中、因地制宜的采种,是高产、优质的保证和价格稳定的关键。种子生产同其他农业生产资料的生产一样,随着各种条件的变化,都可能引起布局变化,这是不以人们的意志为转移的;同时,一个条件优良的生产基地不是短期内可形成的,特别是杂交种子生产基地。为此,对种子基地的安排要留有余地,要有后备,一旦发生问题,其他地区可以补救。另外,基地的布局应尽可能做到区域化,它是经济发展的需要,是适应环境条件的需要,是促进生产专业化的前提,是产量高、质量好的保证。各地蔬菜种子部门所经营的蔬菜品种,大多不能在当地采到高产优质的种子,有的甚至无法采种或不经济。

(三)基地种植面积及设备的确定

基地规模主要由采种田面积、晒场、仓库和加工设备等组成。基地的采种面积是根据种子繁殖的数量来确定的。种子繁殖量确定的依据是:各地订购及菜用栽培田的需要种量、贮备量、单位面积产种量、种子质量、本单位种子贮藏条件及种子寿命、品种更新更换制度等。基地的种植面积是由基地向外提供的商品种子量、自留量和平均单位面积产量决定的。

在分级繁殖时,采种田面积的计算方法如下:

$$上级采种田面积 = \frac{(下级采种田面积 \times 单位面积播种量) + 贮备量}{单位面积种子产量}$$

(四)种株的栽培与管理

1. 种子处理 种子处理的主要目的是防治种子传染病害,可通过化学、温度等多种方法杀死病原菌。

2. 播种期的选择 通过调整播种期,使种株开花时处于最有利于开花结实的环境条件,或有利于种株的贮藏等。另外,可通过调整播期,使杂种的双亲花期相遇,以利于杂交。

3. 去杂去劣 及时地去杂去劣,是保证种子质量的极为重要的工作。

去杂是去除非本品种的植株,某一易于鉴别的性状明显不同于原品种的典型性者,均应去除。应在能鉴别性状时及时进行,一般分营养生长期、开花期和成熟期 3 个阶段进行。异花授粉作物尽可能在开花前进行,特别是营养生长期;某些性状只能到开花期或果实成熟期才能鉴别的,也应在开花期和果实成熟期继续去除。自花授粉作物在整个生长期均可以进行,但以能充分表现本品种性状的时期进行最为理想。对于某些 2 年生有明显营养生长和生殖生长期的蔬菜,只有采用大株采种才能充分鉴别植株的性状,才能进行正确的去杂工作。所以,繁殖原种,必须采用大株采种法。

去劣主要是去除生长不良、感染病虫害的植株,以免繁殖的种子带病和造成品种退化。

4. 辅助授粉 在人工隔离条件下生产异花授粉作物种子,必须进行辅助授粉。在采用空间隔离时,也可结合辅助授粉,以提高种子产量。辅助授粉可采用人工辅助授粉或向隔离区内释放苍蝇或蜜蜂等昆虫。一般报道认为,在网室、温室等严格隔离条件内以释放大苍蝇效果较好;而在空间隔离的大田,以释放蜜蜂和条纹花虻为好。

5. 肥水管理 生产田中一般氮肥施用较多,对提高产量起积极的作用,但采种田的施氮肥量一般不能太多,否则将使种株生长期延长,种子成熟推迟,而且种株生长中易倒伏,特别是在前期一般不施氮肥。一般在开花后施 1 次氮肥,这次施氮肥对提高种子产量和质量很重要。

磷、钾肥对种子高产和优质是至关重要的,一般种株前期需磷肥较多,所以基肥中就应多施磷肥。另外,在开花时也要增施 1 次磷肥。多施磷肥有利于提高种株的抗病性、抗倒伏能力。总的原则是控制氮肥,增施磷钾肥,促进开花坐果,在开花后追施 1~2 次壮花肥、壮果肥,提高种子产量和质量。在种株栽培中,灌水不能过勤,种株定植成活后,应控制水分,以防止徒长。但在坐果后要有充足的水分,使种子充分发育、饱满。

6. 加强病虫害防治　病虫害的发生,不仅造成种子产量和质量下降,同时部分病害可使种子带病原。病虫害防治分别在有关章节介绍,在此不再赘述。

(五)制种的一般方法

蔬菜种类多,生长发育特性不同,栽培地区广,其采种方法各异。另外,同一种类根据种株的生长状态不同,有多种采种方法。如根据种株生育周期跨越的年度,可分为1年生采种法、2年生采种法和3年生采种法。1年生采种法是当年播种,当年收获种子,这是1年生蔬菜的采种法。对于2年生蔬菜来说,必须采取某些特殊措施才可能于1年内完成生长发育采得种子。2年生和3年生采种法则是在播种的第二年或第三年才能获得种子,这是2年生蔬菜一般采用的方法。根据性状遗传特点可分为定型品种采种法和杂种品种制种法。定型品种采种法由于其性状可以代代相传,因此,采种方法较为简单;杂种品种(一代杂种)的制种技术较为复杂,它包括了亲本种子的繁殖和杂种种子的配制。亲本除自交系外,自交不亲和系及雄性不育系的繁殖技术也是比较复杂的。瓜类一代杂种种子的生产,当前主要采用的方法是人工去雄授粉法和雌性系法。

1. 定型品种采种　定型品种是遗传性相对稳定,群体内各个体的基因型基本为同质结合,性状可代代相传。地方品种大多为定型品种,异花授粉的部分瓜类也为定型品种。采种方法较为简单,只需在严格隔离下使品种自然授粉并根据品种性状进行严格选择淘汰,从种株上直接采种即可。

根据蔬菜作物采种植株的阶段发育所需的本身条件和外界环境条件不同，以及采种方法的相似性，基本可分为以下两种类型。

一类是一定低温春化类型（2年生类型）。这种类型的作物，要求在一定的低温条件下，经过一定时间通过春化阶段后，进行花芽分化。属于这一类型的蔬菜一般为2年生作物，其采种植株有营养生长时期和生殖生长时期两个时期，一般食用器官为其营养器官的大多属于这一类型。

另一类是非低温类型（1年生类型）。这种类型的蔬菜作物多属于1年生的，种株没有明显的营养体生长期和生殖生长期之分，营养体生长与生殖生长几乎是同步进行的。其阶段发育的特点是，对温度条件没有严格的要求，采种种株的栽培管理技术与商品菜生产田的栽培管理技术基本是相同的。瓜类属于这类作物。

(1)**成株采种法** 或称大株采种、母株采种、老株采种、大母株采种。即按正常播种季节播种，形成正常的产品器官后，经选择确定种株，再经贮藏等处理，定植大田采种。此法于第一年秋季培育母株，第二年春季定植采收种子。这种方法可充分表现本品种的各种性状，可进行严格的选择淘汰，采的种子纯度高，种性好，但采种费时，产量低，成本高。主要用于原原种和原种的生产。

(2)**半成株采种法** 或称中株采种法。这种采种法比大株采种晚些播种，待产品器官已基本形成表现出品种性状，但产品器官还未充分形成时，进行选择确定种株，再移植于大田采种。这种方法可对品种的性状进行一定程度的选择，但不如大株采种法全面和严格，所以保持种性的效果不如大株采种法。但此法种株占地时间较短、种株栽培密度较大，种株的病虫害较少,所以种子产量较高,成本较低。此方法主要用于原种和生产用种的生产,但不能用于生产原原种。

(3)小株采种法 该采种法直接在采种田内播种,而不经过营养产品器官的形成,直接使小株开花结实。这种方法采种时间短,费用低,但不能对品种的性状进行选择,所以种质不如上述两种采种方法。只能用于生产生产用种,而且只能生产1个世代。可春播也可秋播,可直播,亦可育苗移栽。需要注意的是:春播时要注意通过春化阶段条件,秋播注意越冬保护,春季返青后(或定植时)根据苗期性状淘汰劣株。

2. 杂交种子的生产 我国从 20 世纪 50 年代起逐步开展了杂种优势利用的研究工作,至 70 年代起杂种一代品种大量育成。目前,在一些栽培面积较大的蔬菜作物,如黄瓜、番茄、辣椒等主要作物已基本采用杂种一代。

杂种品种的遗传性是高度杂合的,为异质结合,其种子只能用 1 代,生产杂种种子必须用两个亲本进行杂交,而双亲必须是很纯的。亲本的采种方法可参考上述定型品种的采种方法。

(1)人工去雄制种法 即人工去掉母本的雄蕊、雄花或雄株,再任其与父本自然授粉或人工辅助授粉来生产杂种种子。这种方法较费工,种子成本高,某些花器较小的作物难于进行,对花器较大、繁殖系数较高的种类,如茄果类、瓜类等,可采用此方法。一般是在没有更好的方法时采用人工去雄制杂交种。

(2)自交不亲和系制种 用自交不亲和的母本或双亲配制一代杂种,使之自由授粉。如仅是母本自交不亲和,则只能采用母本上的种子,而双亲均不亲和时,则双亲上的种子均可采用(如正反交表现不同,则应分别采种)。这主要在十字花科上应用较多,制种成本较低。但自交不亲和系的繁殖保存较费工。

(3)雄性不育系制种 即利用稳定的雄性不育系配制一代杂种,这种方法制种成本低,而且种子纯度高。目前,主要利用细胞质不育型和细胞核不育型进行。细胞质不育(简称CMS)的,需选育三系即不育系(A)、保持系(B)和恢复系(C)三系配套(对果菜类蔬菜要求恢复系有100%育性恢复,而食用营养器官的不要求有恢复力);而细胞核不育(NMS),主要是选育两用系(即AB系),由于核不育基因大多为隐性,所以一般材料均可恢复,即核不育类型的父本来源较丰富。

(4)利用雌性系制种 主要是瓜类,目前在黄瓜、南瓜、苦瓜、节瓜上均已发现了雌性系,并在杂交制种中应用。

(5)利用雌株系制种 即在雌雄异株的蔬菜中,育成雌株系作母本配制一代杂种。如菠菜、芦笋等。

(6)利用苗期标记性状制种法 即利用苗期隐性标记性状的系统做母本,父本、母本按一定比例种植,自然授粉,然后再在幼苗期去除带有标记性状的幼苗。采用此方法制种成本低,但在栽培时要去杂,难以大面积推广。

(7)化学去雄制种法 即利用化学药剂如乙烯利、青鲜素(MH),处理母本,使母本雄性不育。乙烯利在黄瓜上已应用;青鲜素在茄果类上效果较好。但喷药的浓度、时间、环境条件等对结果影响较大,同时对母本的采种量、种子发芽率和幼苗长势有一定影响,所以应用有一定的局限性。

(8)利用迟配系制种 同基因型花粉管在花柱中的伸长速度比异基因型花粉管在花柱中的伸长速度慢的系统叫迟配系。利用此特点在制种中将两个自交系按一定比例种植,任其自然杂交,获得杂交率基本符合要求的杂交种,这种方式已在白菜上得到应用。

(六)种子收获与采后处理

应在种子成熟时及时进行,特别是对一些易在植株上发芽或自然脱落的种类,必须及时分次或一次性收获,而后进行必要的后熟、取籽、晒干、精选和分级。

(七)制种的层性原理

1. 层性原理 蔬菜种子的生理异质性是由其本身的遗传性,该作物种株的株型,种子(或果实)在种株上的着生部位及种子生长发育时期的外界环境条件所决定的。种子的质量和产量因种株的分枝习性和种子(或果实)在花序(或种株)上着生的部位不同,而表现出差异,这就是所谓采种中的"层性原理"。应用层性原理对提高种子质量和产量、防止种性退化具有重要作用。

2. 层性原理与种子质量 在瓜类蔬菜中,黄瓜随着植株的生长不断逐次开花,雌花着生的节位高低不同,开花早晚不同,种子发育的营养条件和外界环境不同。从主蔓上留第二和第三条瓜采收的种子质量高于第一瓜(根瓜)的种子,其种子千粒重大,发芽势强,播种后植株雌花出现早,前期产量高。黄瓜种子生产时,早熟品种选留第二个雌花留种,中晚熟品种选留第二和第三个雌花留种。

在同一果实内不同部位的种子质量也存在差异性,如番茄果肩的种子播种后植株具有强大的生长势,而果顶面的种子播种后植株发育慢。把一条黄瓜分成前、中、后三段采种,发现近花冠的前段种子数量多,种子质量也高;中部的次之;近瓜把的一段种子数量最少,而且质量也最差。

3. 遗传势与种子质量 根据遗传势理论,作物不同部位对于某一性状强弱有不同的遗传势。生物体各部位的化学成分的相似程度不同。同时生物体由于分化而造成各部位基因的表达不同,表现出遗传势的位置效应,使不同的作物表现出不同的期望性状。根据其期望性状的不同,可将作物分为 3 类:第一类为顶部优势作物,如黄瓜,同一瓜果内前段的种子最好。第二类为中部优势作物,如番茄,期望性状处于全株的中部。因此,植株中部果节的果实内种子最好,在同一果实内的甜瓜种子,以中部的种子质量最好。第三类为基部优势作物,如白菜、萝卜等蔬菜作物的种子,以基部果枝的最好。

4. 层性原理在蔬菜采种上的应用 蔬菜种子的质量和产量,由于种株的差异、着生部位不同和种株的株型不同,而存在较大的差异,在采种时可以依据层性原理和遗传优势的理论采取各种技术措施,以提高种子质量和产量。

(1)整枝和疏花疏果 调整种株的株型,疏花疏果均可提高种子的质量。如黄瓜选留主蔓上第二、第三个雌花做采种瓜,待选留瓜坐住后,植株长到 18～20 片真叶时摘去主蔓生长点,保证有充分的营养供给种瓜,促进种瓜早熟,提高种子的千粒重。中、晚熟番茄品种采种种株多采用单秆整枝,保第二穗和第三穗果坐住后及时摘心,并摘除非留种花序和侧枝,以提高种子产量和质量。

(2)合理密植 种株分枝性能强的蔬菜作物,如大白菜、甘蓝、萝卜、胡萝卜、芹菜等,种株栽植的愈稀形成的侧枝愈多,而且分枝的层次也多,采种时小粒种子的比率也愈多。适当密植有限制侧枝发生和生长的作用,使种株的营养集中供给主枝和第一侧枝,以提高大粒种子的比率。

七、良种生产的技术路线

良种应包括两方面：一方面是优良品种的种性，另一方面是优质的种子。这两方面在农业生产中都起着重要作用。优良品种的种性，对于高产、优质及高效的农业生产，在技术措施和条件相同的情况下起决定性的作用。但优良的种性是通过优质的种子才能表现出来的，所以要使优良的种性得到充分的表达，生产优质的种子是基础之一。而在采种中，要获得或保持一个优良品种的种性，采用什么样的技术路线是种子生产中的关键。在良种的繁育程序中，原原种和原种是起关键作用的。

(一)良种繁育制度与种子质量

1. 良种繁育体系与程序 即良种繁育的组织、领导及生产方式和方法。1978 年，国务院提出种子工作实现"四化一供"的新方针。即种子生产专业化、种子加工机械化、种子质量标准化、品种布局区域化，并以县为单位统一组织供应良种，以保证质量。这些方针在目前仍有很好的指导意义。

良种繁育的程序是指种子繁殖阶段的先后和种子世代的高低及从事种子生产的次序和方式等。种子繁殖应是分级进行。分级繁殖就是在种子生产中，设置专门的留种地，按照一定的技术规程，逐步扩大繁殖，生产出不同级别的种子。正规的种子生产应严格按程序逐级繁殖，目前我国蔬菜上一般采用三级繁育制，即分为原原种、原种、良种。由原原种生产原种，再由原种生产生产用种(良种)，三种类型的种子必须分级繁殖和管理。

2. 原原种 或称育种者种子、超级原种。是一个品种在刚刚育成获得的种子,遗传性状稳定和一致的种子,以及用这样的种子在一定世代内繁殖产生的,具有本品种典型性和较高产量水平的少量种子。原原种的品种典型性最强,纯度最高,增产效果最好,各性状都符合本品种的原始面貌。原原种在一般情况下,只能由育种者生产,只有在特殊情况下,才可由指定的授权单位生产。

原原种应具备以下特征:① 由育种者直接生产或控制的品种的最原始种子;②具有本品种完全的典型性;③品种纯度 100%;④遗传性稳定;⑤有一定的世代限制;⑥产量和其他主要性状达到推广时的原有水平。在实际蔬菜生产中,我们可以看到,一个新品种开始推广时,都有显著的增产效果。可是在达到一定的种植面积或使用年限后,同一品种的增产效果不明显,甚至减产。出现这一现象的原因之一是,这个品种最初没有提供原原种或是提供的原原种不够纯;原因之二是,随着繁殖次数的增加,而种性混杂退化。要使一个品种在生产应用中能较长期保持原有的增产效果或推广最初的增产水平,最有效、最经济、最科学的方法是,解决原原种的来源,用原原种为种源生产良种,用于生产。因此,原原种的生产,是整个种子生产中的不可缺少的组成部分,是生产良种的基础,是中心。它在良种生产和推广上具有极其重要的作用。如果不搞原原种的生产和保存,则种子生产制度是不健全的,优良品种的典型性和增产性就会逐渐消失掉。

3. 原种 原种是与原原种亲缘关系最近,是原原种的继续,遗传性相同,在各种技术指标上仅次于原原种的种子。原种在通常的情况下,只能由原育种者或是由接受原原种的原种场进行生产,只有在原原种生产计划失调和原种基地不健全不得已的情况下，才可以采取提纯的方法，作为原种的补充。蔬菜作物种类多，种株的生物学特性，开花习性，授粉方式和传粉方法多种多样，各类蔬菜的原种标准难以统一，因此，国家对各种蔬菜原种的质量标准制定了统一的标准。

4. 良种 又称生产用种。它应该由原种繁育出来，质量达到国家标准的优质种子，主要直接作为菜用栽培的种子。

5. 种子质量 种子质量包括品种品质和播种品质两个方面。在生产中，品种品质(种性和纯度)和播种品质(种子品质)均相当重要。种子质量指标可从 6 个方面来综合评价，即纯度、净度、饱满度、含水量、健康程度、色泽等。也就是说，如果种子质量好，除品种的遗传纯度高之外，还要求该品种的种子干净、饱满、健康、活力高、色泽好而干燥。

对品种纯度的要求，一般原种要不低于 98%，生产用种子不低于 85%～95%，这是影响种子质量最重要的指标。由于此指标的内在遗传纯度难于从种子表观上鉴别，故通常是依据本品种种子在一批种子中占的比例大小来衡量的。

净度是在种子作为商品的销售中，影响种子商品性的一个很重要的指标，因为它很容易从种子表观上鉴别。此指标主要受种子脱粒、加工过程中多种因素的影响。对净度的要求一般不应低于 95%～98%。

种子饱满度一般用千粒重或容重表示。在一个品种的一批种子中，种子饱满充实则千粒重大，而且生活力高。要使种子饱满充实，必须在繁种过程中，注意种株的培育及种子发育过程中的环境条件。此外，种株种果的收获时期及后熟对种子的饱满度也有重要影响，而种子生产的其他环节对其影响很小。

生产用种含水量一般要求在 7% 左右。种子色泽也是商品性状中较重要的一项指标,主要受成熟度、脱粒及干燥是否及时、方法是否得当、贮藏中温度和湿度的高低与配合的影响。另外,种子的健康情况也非常重要,特别是对有检疫病虫害必要的,必须严格检验。

种子质量的优劣,应根据国家制定的标准和种子质量检验规程进行综合评定。在各项指标中,品种纯度、净度、发芽率和含水量为必检项目。品种纯度是种子质量分级的主要依据。国家对原种与良种种子质量都制定了相应的生产技术规程和质量标准。所以,种子的生产、质量检验和对种子质量的评价都应按国家制定的标准进行。

(二)重复繁殖、循环选择、"大群体、小循环"路线及应用

蔬菜采种中的一般原理和层性原理是指导如何采到优质的种子,而生产良种的技术路线则是着重说明如何采到优良种性的种子,使一个优良品种能在生产实践中较长时期地应用,我们在生产种子的实际工作中,把采种的各种原理和符合实际应用的生产良种的技术路线结合起来,就有把握获得优良品种的优质种子。

目前,各国在繁殖良种中均应用两种不同的技术路线。

1. 重复繁殖路线及应用 所谓"重复繁殖路线"是指生产良种时总是从原原种(育种家种子)开始,到生产出生产用种(良种)为止。下一轮的种子生产,仍然重复上次的过程,其生产过程如图1所示。

重复繁殖路线的每一轮的种子生产总是从原原种开始,经几代(一般为1～3代)即终止,种性突变发生的可能性小,自然选择的影响也小。采用这种技术路线,种子群体是不断扩大的过程,几乎不受漂移的影响,除了必要的去杂去劣工作

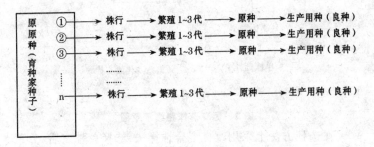

图1 重复繁殖路线示意图

外,不进行人工选择,所以种子的纯度有充分的保证,而且品种的优良种性可以长期保持。

重复繁殖路线是以近代遗传学为理论指导的,它的指导思想是:尽量保持品种原种的优良种性和纯度,把迁移、突变、漂移和选择的不良影响减少到最低程度。重复繁殖路线是在种子生产区域化、专业化、标准化和产品高度商品化条件下形成的,它要求有良好的技术和设备条件,要求有充足的贮藏能力和条件。所以,目前只能在生产水平较高的发达国家或科技和经济力量强的企业应用。

2. 循环选择路线及应用　循环选择路线包括两部分工作:一部分是生产原种,另一部分繁殖原种。它和重复繁殖路线比较,育种单位没有保存原原种的任务,生产原种的任务分散在各级的原(良)种场进行。每一轮的原种生产都是从群体中选择单株开始,所以原种连续生产过程是一个循环选择过程。具体过程见图2。

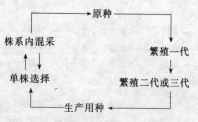

图 2　循环选择路线示意图

在选择方法上采用改良混合选择法。选择单株之后,分系比较有利于鉴别和分离,然后混系繁殖,有利于防止遗传基础的贫乏。因此,对于提高种子的纯度和保持品种的优良特性是有效的。

循环选择路线另一方面的工作是繁殖大量原种,以保证生产良种的需要。

循环选择路线的原种是由繁殖应用多代的大田生产中选来的,所以容易受自然选择的影响。每次的单株选择,使品种群体缩小,对于主要选择的性状来讲,由于环境的影响和取样的误差,不可能对基因型做出可靠的鉴别;而对非选择性状来说,又容易发生随机的漂移,所以循环选择路线所生产的良种,难以完全符合原品种的种性,难以做到“复原”。

我国在 20 世纪 50 年代开始在良种生产中使用循环选择路线,对我国的良种生产起到了重要的作用。这种技术路线的理论指导,是遗传和变异的辩证观点和生活力学说。这种理论认为,遗传是相对的,而变异是绝对的,而且大多数变异对人们是不利的,所以要进行严格的选优去劣,才能保持和提高种性。生活力学说强调品种内个体间存在一定程度的遗传性差异,所以品种内个体间杂交是提高种性的重要手段。

3.“大群体、小循环”路线及应用　循环选择路线,在生产良种中有积极的作用和意义,但是在每一轮的单株选择中,使品种群体数缩小,难以避免环境的影响和取样的误差,而原种繁殖的世代过多,容易受自然选择的影响,因此,这种技术路线生产的良种,难以保持原品种的种性。"大群体、小循环"路线保留了循环选择路线的优点,改造了其不足。其具体做法是扩大选择群体、增加原种数量和减少繁殖世代,或者说是循环选择路线的一种补充。其操作过程如图3所示。

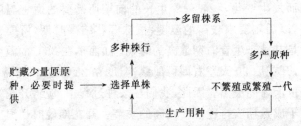

图3 "大群体、小循环"路线示意图

八、瓜类蔬菜对环境条件
的要求及花芽分化特点

(一)对环境条件的要求

蔬菜作物的生长发育以及最后获得商品菜或种子产量的高低,主要取决于植物本身的遗传性和外界条件之间的相互关系。植物本身的遗传性就是某一蔬菜品种的品种固有特性,依种类和品种的不同,其所要求的环境条件(主要是温度、水分、养分、气体和阳光)亦有差异。

温度在影响蔬菜生长与发育的环境条件中,是具有决定性意义的因素之一。每一种蔬菜的生长发育对温度都有一定的要求,按蔬菜对温度的不同要求可分为5类:第一类为耐寒的多年生蔬菜;第二类为耐寒的1年生蔬菜;第三类是半耐寒的蔬菜;

第四类为喜温的蔬菜,如黄瓜、番茄、茄子、辣椒、菜豆等,最适宜温度为 20℃～30℃；第五类为耐热的蔬菜,如冬瓜、南瓜、西瓜、丝瓜、豇豆等,它们在 30℃左右的温度条件下生长最好。这一类蔬菜最不耐低温,在极短的 0℃以下温度就会死亡。

蔬菜在整个生长周期的各个时期所要求的温度不是固定不变的,常常由于生长时期和发育阶段的不同或其他条件的变更而发生变化,一般营养生长的前期所需要的适宜温度低一些,以后则要求较高的温度；植株开花结果时期,所要求的温度是其整个生育时期最高的时期。如西瓜在 35℃的温度条件下,开花后 20 天左右即可成熟；温度在 28℃左右,则需要 1 个月以上才能成熟。因此,我们在采种过程中,应将开花结实及种子成熟期安排在温度较高的季节。开花期晚时如温度过高,花粉粒的生活能力减弱,会影响授粉受精。因此,开花期虽然不宜低温,但温度亦不可过高,授粉后随着果实及种子的生长,温度亦逐渐升高。

影响蔬菜生长发育的环境条件,除温度外就是光照。蔬菜对光照强度和光照长短的要求,因蔬菜种类和其他条件的不同而异。对光照强度的要求大体可分为 3 类:第一类是对光照强度要求严格的,如瓜类、茄果类、豆类以及山药等,多为 1 年生作物；第二类是对光照强度要求中等的,如结球白菜、甘蓝、萝卜、胡萝卜以及葱蒜类蔬菜,多为 2 年生作物；第三类是对光照强度要求较弱的,主要是一些绿叶蔬菜。蔬菜不仅对光照的强度要求有所差别,对日照长短的反应,也依蔬菜种类而有显著的不同。在采种栽培中,由于光照长短会直接影响阶段发育,从而影响种株的花芽分化和现蕾开花,必须引起足够的重视。瓜类蔬菜大多对光周期不甚敏感,但丝瓜等对光周期有一定的要求。

瓜类果实中95%以上是水分,其水分含量比一般蔬菜要高。所以,瓜类栽培必须有丰富的水分,才能满足其生长发育的需要。因此,在瓜类蔬菜种子基地建设中,必须有良好的水源条件。黄瓜等瓜类蔬菜叶片大而柔嫩、根系浅、吸水能力差,要求较高的土壤和空气湿度以维持植物体内的水分平衡,栽培瓜类需消耗大量的水分。但西瓜、甜瓜、南瓜消耗水分相对较少,这些蔬菜叶片虽大,但其叶子有裂刻或表面有茸毛,能减少水分的蒸腾,同时具有强大的根系,吸水能力强,有很强的抗旱能力。

栽培蔬菜需要肥沃的土壤。但不同的蔬菜对土壤营养元素的吸收量不同,主要取决于根系的吸收能力、生长期的长短、生长速度的快慢、产量的高低等。黄瓜等根系浅,吸收量最小,对肥料供应要求更高,而南瓜等根系较强大,对土壤营养要求不严。蔬菜在不同生育阶段对养分的需要也不同,种子萌芽时,主要利用种子本身贮藏的养分,吸收土壤的养分极少;幼苗期根系弱,对土壤溶液浓度比较敏感,所以对土壤营养元素的要求很严格,但绝对量并不很多,只要求能及时供应各种营养元素即可。随着植株的长大,所需营养量也渐渐增加。结果期是瓜类蔬菜生长量最大的时候,此时需肥量最大。

(二)瓜类蔬菜花芽分化和传粉的特点

瓜类蔬菜大多为雌雄同株异花(甜瓜一般为雄全同株型),一般雌花单生,而雄花单生(如南瓜、冬瓜、瓠瓜)或簇生(如黄瓜)或呈总状花序(如丝瓜)。雄花的发生一般先于雌花,花芽的分化和发育是随瓜蔓的伸长自下而上推进。

就单花而言,花芽分化的顺序亦是由萼片、花冠、雄蕊到雌蕊。黄瓜的雌花、雄花都在分化初期发育为两性花。其叶腋分化的花原基,首先在外缘发生 5 个萼片突起,与此同时,在其内侧形成 5 个瓣突起。这些花瓣突起伸长,其顶端互相抱合,并将花蕾包被于内,但以后萼片突起弯曲向外侧张开。在花瓣突起形成的前后,其内侧花托表面生出 3 个雄蕊原基,其中 2 个大的,1 个小的;而当能辨认出它们的时候,在其内侧花托的最底部附近已开始形成 3 个钝状的雌蕊突起。到此为止的过程,无论雄花或雌花的花芽,都完全是一样的。但以后的发育发生了差异,分别分化为雄花或雌花,亦即形成雄花的花蕾,雌蕊原基此后停止发育,3 个雄蕊发达,发育成在花被底部具有小的无雌蕊的雄花。另外,将来发育成雌花的花蕾,其雄蕊原基停止发育,而雌蕊原基迅速发育起来,分化成柱头和花柱,子房膨大,内含胚珠,在花被与花柱基部之间生成蜜腺,发育成具有退化雄蕊的雌花。

瓜类为异花授粉蔬菜,但同株花期自交结实高,其结实率的高低和单果种子粒数的多少与异株授粉相似。瓜类蔬菜雌蕊、雄蕊的寿命比其他各类蔬菜短,人工授粉工作必须在开花后的上午立即进行。其传粉媒介主要是蜂类昆虫(如蜜蜂、土蜂),但对爬地栽培的南瓜、冬瓜、西瓜、甜瓜等,蚁类则是重要的传粉媒介,蚁类可将隔离用的纸袋或已捆扎的花冠咬破,钻入雌花内取粉食蜜。因此,爬地栽培的瓜类,在做单花隔离时,要特别注意因蚁类的传粉而发生生物学混杂。

第二章　黄瓜制种技术

黄瓜又名胡瓜、王瓜等。为葫芦科1年生草本蔓生攀缘植物,是以嫩果供食用的果菜。黄瓜在我国具有悠久的栽培历史,我国南北方各地都普遍栽培。黄瓜是保护地栽培的主要蔬菜种类之一,特别是在北方地区,栽培更为普遍。黄瓜几乎可周年生产供应,在保证蔬菜均衡供应中起着重要的作用。黄瓜食用方法多样,可生食、熟食、加工,或做配菜用,是深受消费者喜爱的主要果菜之一。

一、与制种有关的生物学基础

(一)植物学特征

1. 根　黄瓜根系主要集中在深25厘米的土层(最集中的是在10厘米土层内)和半径35厘米左右的范围内。黄瓜根系分布浅,抗旱性差,吸肥力弱,好气性强。所以,黄瓜栽培中要求土壤肥沃疏松,保持较高的土壤湿度,定植不宜过深。黄瓜根系形成层易老化。根系老化或断根后,再生能力差,所以育苗时苗龄不宜过长。在育苗过程中和定植时,各种操作要尽可能避免伤根,最好采用营养钵等护根育苗,分苗要尽早进行。黄瓜的下胚轴容易发生不定根,在茎基部木栓化之前,中耕时结合培土,可明显促进不定根的发生,从而扩大根系的吸收面积,有利于植株旺盛生长。

黄瓜根系对地温反应十分敏感,一般只有在15℃以上才能正常生长,25℃～30℃生长旺盛,35℃以上生长受阻。所以,早春不能过早定植,否则地温太低,定植后根系会受伤,幼苗变黄;即使地温回升后,由于根系不易恢复,植株生长缓慢。

2. 茎 黄瓜茎蔓生,茎横切面呈 4～5 棱形,中空,上生有刺毛。蔓节间较长(一般为 5～9 厘米),通常为无限生长,一般以主蔓结瓜为主,有很少的品种为侧蔓结瓜型。茎的粗度、长短与品种、环境、栽培技术、生长的强弱有关。通常茎粗为0.6～1.2 厘米。茎的粗细是衡量植株健壮与否和产量的一个重要标志,茎越粗生长越健壮,产量越高。

节间的长短也是衡量植株生长健壮程度的一个重要标志。健壮的幼苗一般下胚轴(子叶以下)节长以不超过 3 厘米为宜。如果温湿度管理不当形成"高脚苗",则不利于以后的生长。生长健壮的植株,8 片叶以下子叶以上节间长应在 3～7厘米,15 片叶左右的节间长应以 7～10 厘米为宜,20 片叶以上节间长以 10 厘米左右为宜。

3. 叶 黄瓜叶片为掌状五角形,叶缘为全缘,上生绒毛,叶片大而薄,叶面积较大。叶背和叶面均有气孔,叶背气孔多于叶面气孔。气孔是叶片进行气体和水分甚至养分(叶面施肥)的主要通道,也是外部病菌侵入黄瓜体内的途径之一。由于叶背的气孔大而多,所以打药(包括叶面施肥)防治病害时,应特别注意叶背面的喷药。黄瓜叶片大而柔嫩,对温度、光照、水分等管理反应很敏感。所以,可根据叶片的形态采取相应的管理措施。黄瓜叶片展开 10 天后光合能力进入最强时期,并可一直维持 1 个月左右,栽培中要特别注意保护功能叶。

4. 花 通常为雌雄同株异花的单性花。一般栽培的黄瓜品种为雌雄异花同株。每朵花在分化初期都有萼片、花冠、蜜腺、雄蕊和雌蕊的初生突起,即具有两性花的原始形态特征。

但当发育到萼片与花冠之后,有的雌蕊退化,形成雄花,有的雄蕊退化,形成雌花。花冠黄色,花冠、花萼均上离下合,通常为五裂片,呈钟状。雌花花冠上部有 5～6 个裂片,下部联合,花冠下有明显的下生子房,为"子房下位"。雌花的花柱很短,柱头肥大呈多瓣状,子房一般 3 室,个别有 4～5 室,子房内胚株总数一百至几百个不等,因品种不同和受精发育情况而异。雄花无子房,花冠也为黄色钟状,雄蕊 5 个,两两结合,似 3 个,花药呈回纹状曲折密集排列,成熟时向外开裂散出黄白色花粉。

雌、雄花按一定比例着生在茎的叶腋处,雌花占总节位数的百分率即为雌花节率。雌花节率高即植株上着生较多的雌花,这是取得高产的基础,所以栽培中应选择雌花节率较高的品种。主茎上第一雌花节位的高低,是黄瓜熟性鉴别的一个重要标志,一般将第一雌花在第四节位前出现的归为早熟品种,在 4～6 节位出现的归为中熟品种,在 7 节位以上出现的归为晚熟品种。

5. 果实 果实通常为筒形或长棒形。食用的嫩果一般为绿色或深绿色。北方喜欢食用果面有棱、瘤、白刺的品种;南方喜食果面较光滑、果较短粗的黑刺品种。果实生理成熟时为黄褐色或橘黄色,果味变酸,不宜食用。黄瓜从开花到果实商品成熟一般需 18 天左右(在环境和营养适宜时只需 10 天左右),至生理成熟需 40～50 天。果实大小和形状与品种有一定的关系。黄瓜雌花可不经授粉而结瓜,即所谓的单性结实,所以黄瓜可在无昆虫的冬季保护地生产。

6. 种子 黄瓜种子披针形,扁平,种子皮黄白色,外表光滑。一般千粒重为 20～40 克。种子无胚乳,子叶中充满糊粉粒、类脂和蛋白质。种子无生理休眠或休眠期不明显,但在采种时需后熟，以利于提高发芽率。一般种子发芽年限为 4～5 年，生产上一般用 1～3 年的种子。

(二)生长发育周期

黄瓜的生长发育一般经历发芽期、幼苗期、初花期和结瓜期 4 个阶段。整个生育期长短与栽培方式和栽培环境密切相关。露地黄瓜生育期 90～120 天左右；育苗的春和夏黄瓜生育期相对较长，特别是保护地冬茬和冬春茬生育期更长；直播的秋黄瓜生育期较短。黄瓜整个生长过程中，前期生长慢，中期快，后期又变慢。

1. 发芽期　由播种至第一片真叶出现，一般情况下需 5～8 天。本期要给予较高的温度和充足的光照，以利于苗齐、苗壮。出苗后要防止徒长。撒播的，要及时在子叶展开后分苗。黄瓜播种后，在正常温度下 4 天即可出土，出土后子叶迅速展开，进而心叶开始出现。在子叶展平前如温度和湿度过高，易使幼苗下胚轴过度伸长，成为徒长苗。而当心叶开始出现后下胚轴的伸长会减慢，幼苗主要转入以叶片和根系的生长为主。如果土温过低时，出土缓慢；土温低于 10℃～15℃，就有可能发生烂种现象。

2. 幼苗期　从真叶出现到真叶 4～5 片时定植，需 30 天左右。本期的管理重点是培育壮苗。管理上要"促"、"控"结合，增加幼苗的叶重与茎重比和地下部重与地上部重比。如光照过弱、氮肥过多、水分过多、温度过高，易形成徒长苗。健壮的幼苗从第一片真叶后，茎轴呈"Z"字形生长，俗称"倒拐"，这是幼苗生长健壮的标志。幼苗期结束时，叶原基已分化到21～23 节，花芽分化已达 40%。此期是营养生长与生殖生长同时进行期，在温度和光照管理上要有利于雌花分化。

3. 初花期 也称抽蔓期。由真叶 4～5 片定植起到第一雌花瓜坐住(根瓜)为止,需 25 天左右。早熟品种经历时间短,晚熟品种经历时间长。该期结束时茎高 30～40 厘米,真叶展开 7～8 片。有的品种开始出现侧枝。当第一条瓜的瓜把由黄绿变成深绿,俗称"黑把"时,标志初花期结束。这段时期既要促进根系生长,又要扩大叶面积,并保证继续分化的花芽质量和数量,同时又要促进坐果,防止徒长和化瓜。此期是植株由茎叶生长为主转向果实生长为主的过渡时期,栽培管理上要调节营养生长和生殖生长的关系,地上部和地下部的关系,常进行"蹲苗"。

4. 结瓜期 由第一果坐住到拉秧为止,此期经历的时间因栽培方式、栽培条件和品种的不同有很大差别,一般经历 30～100 天。冬春茬保护地和高寒地区一年一季栽培的可达 150 天左右。本期是连续开花坐果期,结果期的长短与产量密切相关,所以栽培中要尽可能延长结果期。结瓜期由于不断地生长茎叶和采收果实,植株要消耗大量的养分和水分,必须及时供应充足的水分和养分,以提高黄瓜产量和质量。此期也是最易发病期,应加强日常管理,减少病虫害的发生。

(三)对环境条件的要求

1. 温度 黄瓜属喜温蔬菜,不耐寒,但也不耐高温。由播种到果实成熟需要的有效积温为 800℃～1 000℃(最低有效积温为 14℃～15℃)。在 10℃～30℃ 范围内都能生长,但以白天 25℃～32℃,夜间 14℃～16℃ 生长最好。一定的昼夜温差有利于黄瓜的生长,较适宜的昼夜温差为 10℃左右。由于黄瓜组织柔嫩,含游离水较多,容易结冰,所以黄瓜不耐低温,在 0℃～-2℃时植株即受冻害,4℃以下即受寒害。经低温锻炼的幼苗可短期忍耐−1℃～2℃的低温。10℃～12℃以下生理活动失调,生长缓慢,10℃以下停止生育,所以把10℃称为"黄瓜经济的最低温度"。黄瓜也不耐高温,35℃左右黄瓜制造的养分与呼吸消耗的养分处于平衡状态,37℃以上的温度会抑制其生长,超过48℃对植株直接产生伤害,但在高湿度下可忍受2个小时48℃的高温。所以在防治霜霉病时,高温闷棚一定要浇水,高温持续时间不超过2个小时。

黄瓜光合作用积累养分以25℃～32℃时最佳。温度要与光照强度配合起来才能有利于光合作用,一般光照越强,适宜光合作用的温度也相应提高。一天中以上午光合作用积累的养分最多,占全天的60%～70%,所以白天上午应保持在25℃左右较高的温度,下午可略降低温度,以降低养分消耗。如果进行二氧化碳施肥,也应在光合强度最大的上午进行。植株白天积累的养分在夜间转运到根、茎、叶、果中。转运养分以较高的温度转运较快,如夜温16℃～20℃时只需2～4个小时即转运完。夜温过低,养分转运不彻底,会影响第二天的光合作用积累养分。所以,为促进养分转运和降低植株本身的消耗,在上半夜可控制在16℃～18℃,下半夜控制在10℃～14℃。

黄瓜根系对地温的反应比其他果菜类的根系敏感。根部生长的适温为20℃～23℃,生长的最低温为8℃～12℃,最高温32℃～38℃。根生长的温度以不低于15℃为宜。地温低于12℃以下时,根系不伸展,根毛不发生,吸水吸肥受抑制,所以地上部不生长,叶色变黄。地温过低时,根系生长不良,甚至发生沤根和"花打顶"等现象。如果早春定植过早,地温过低,幼苗虽未冻死,但会影响根系和植株以后的生长,使幼苗变黄;以后温度升高后,缓苗恢复生长慢,抗逆性差,所以要适时定植。

黄瓜在阴天日照不足时，较低的温度比较高的温度有利于减少植株呼吸消耗养分，所以在阴天光照不良或日照时数少时，育苗和生产设施内的昼温和夜温都应比良好光照下略低一些。

一般低夜温和较大的昼夜温差有利于花芽向雌性花方向转化。幼苗期低夜温处理可在第二片真叶时开始，处理时最低夜温不低于 12℃（地温 16℃～18℃），处理 10 天，4 片真叶展开时处理结束，此时到第十一节的雌花已分化。但是，如果低温处理的时间过长（如从子叶展开一直到定植），温度过低（低于 10℃～12℃），易造成植株生殖生长过旺，而营养生长过弱，雌花分化过多，雌花畸形率高，养分消耗过多，反而影响正常坐瓜，达不到早熟丰产的目的，而且植株的根系易受低温伤害。

不同生育阶段的适宜温度如下。

(1)发芽期　温汤浸种温度为 50℃～55℃，催芽为 28℃～30℃。吸水膨胀的胚芽锻炼为－1℃下 16 个小时。然后是 25℃下 8 个小时。播种到出苗为 28℃～30℃，出苗至子叶初展为 28℃～12℃。子叶展平至心叶出现为 20℃～10℃。

(2)幼苗期　第一叶展平适温为 22℃～12℃，第二叶展平为 22℃～14℃，第三叶展平为 22℃～15℃，第四叶展平为 22℃～14℃，幼苗锻炼为 22℃～10℃。

(3)初花期　适温为 24℃～14℃。

(4)结果期　结果初期根瓜采收时适温为 24℃～15℃，腰瓜采收时为 26℃～16℃。结果盛期适温，白天为 28℃～32℃，夜间为 18℃～15℃；结果末期白天为 25℃～26℃，夜间为 15℃～16℃。

（5）回头瓜盛期　白天适温为 28℃～30℃，夜间为 18℃～16℃。

2. 光照　黄瓜为喜光蔬菜，光照充足有利于提高产量。光合作用的光饱和点为 5.5 万～6 万勒克斯，光补偿点为 1 万勒克斯，最适光强为 4 万～6 万勒克斯；在 2 万勒克斯以下，植株生长缓慢，1 万勒克斯以下则停止生长。光合作用以上午最强，占全天的 60%～70%，生产中一定要保证黄瓜上午的光照。光质中以 600～700 纳米的红光部分和 400～500 纳米的青光波长光对黄瓜光合作用效率最高。黄瓜为短日照蔬菜，但不同生态型的品种对日照长短要求不同，如华北型黄瓜对日照长短要求不严，华南型黄瓜有一定的短日性。总的看，8～11 个小时的短日照有利于雌花分化和形成。

但由于黄瓜起源于热带森林地区，对散射光有一定的适应性，在一定范围内可增加叶面积，以弥补和适应光照的不足。所以黄瓜在光照相对于露地来说较弱的保护地也能取得高产。光照降到自然光的 1/2 时，黄瓜同化量基本不变；当光照下降为自然光照的 1/4 时，同化量降低到 13.7%，植株生育不良，从而引起化瓜等现象。由于黄瓜具有一定的耐弱光性，在冬春保护地和夏季遮荫栽培时仍能取得高产。

3. 水分　黄瓜喜湿、怕涝、不耐旱，要求较高的土壤湿度和空气湿度。黄瓜的一切生命活动均是在水存在的条件下进行的，而黄瓜果实中有 95% 以上均是水分，所以水分供应是黄瓜取得高产的关键因素之一。黄瓜根系较浅，吸收能力弱，要求土壤绝对含水量为 20% 左右。但土壤水分过多，甚至积水，会影响根系呼吸，甚至出现根系窒息而死。当空气相对湿度在 70%～80% 时生长良好，湿度过大会引起多种病害发生；当空气相对湿度达到饱和时叶片水分蒸腾量很小，从而影响根系对水分、养分的吸收。

不同生育阶段对水分要求如下。

(1)发芽期 浸种催芽时要求水分充足,以促进种子内物质的转化,有利于迅速出芽,但播种时水分不能过大,以免烂种。

(2)幼苗期 适当供水,不可过湿,促控结合,以防止寒根、徒长和病害发生。

(3)初花期 对水分要适当控制,以平衡水分、温度和坐果三者的关系,地上部和地下部的关系,营养生长和生殖生长的关系。

(4)结果期 此期营养生长和生殖生长同时进行,植株的叶面积迅速增加,果实的收获量很大,此期必须要有充足的水分供应。

4. 土壤 黄瓜为浅根系作物,吸收肥水能力差,所以要求含有机质丰富、通气性好的肥沃壤土。在沙性土壤上栽培黄瓜,早春土壤增温快,土壤通气性好,生长前期易发苗,但漏水漏肥严重,植株易早衰。栽培中应多施有机肥,并经常追肥浇水;而在黏性土壤上栽培黄瓜,土壤通气性差、排水不良,早春增温慢,黄瓜苗期不易发苗,生长慢,但坐果后生长速度加快,即"发老不发小"。在黏性土壤上栽培,早春要注意采取保温和增温措施,防止沤根等现象发生,栽培中要多施有机肥。

黄瓜生长适宜的 pH 值为 5.5~7.6,pH 值在 4.3 以下就会枯死,最适宜的土壤 pH 值为 6.5。

由于过多追施化肥,易造成土壤中盐类浓度增加,所以黄瓜栽培中要注意多施有机肥,采收期间也尽可能多追施有机肥。特别是保护地,由于连年种植黄瓜等蔬菜,化肥施用过多,使土壤严重盐积化,影响黄瓜的正常生长。对盐类浓度较高的保护地要尽可能增施有机肥,或使之多接受雨水,把盐分淋溶到土壤下层(或休闲时大水漫灌压盐),以减少盐分危害。

5. 肥料 黄瓜生长期长,生长量大,保护地栽培每茬每667平方米产量5 000千克左右,所以黄瓜生长期间需大量的肥料。黄瓜生长发育过程中有机肥很重要,它不仅供应黄瓜多种营养元素,且可改善土壤结构,促进黄瓜根系生长。氮、磷、钾的吸收量以钾最多,氮次之,磷较少。每生产5 000千克黄瓜,大约需氮14千克,磷4.5千克,钾19.5千克,同时还需要一些微量元素。黄瓜生产中一般应重视氮肥的施用,更应重视钾肥的施用,特别是多年种植黄瓜的保护地要加强钾肥管理。黄瓜较喜欢硝态氮肥,氨态氮不利于根系活动,所以施用硝态氮或尿素等较安全,但要注意施肥方法。

(四)花芽分化与开花结果习性

1. 花芽分化

(1)花芽分化的时间 黄瓜的花芽是在叶腋间分化的腋花芽。花芽分化进行极早,在正常栽培情况下,播种后15天左右展开第一片真叶时,在第三至第四节叶腋分化出第一个花芽。播种后20天左右,第一片真叶完全展开时,第七、第八节的花芽已分化。播后27天2片真叶展开时,第十一节左右花芽已分化。在这个时期,最初分化的第三、第四节花芽进行性别的分化。播后48天9片真叶时,27节的花芽已开始分化,不久第十六节左右的花开始分化性别。在主枝生长点第七节以下才开始萌发侧枝腋芽,腋芽发育成后侧枝才分化花芽。

(2)花器分化 黄瓜花芽分化首先是从叶腋间分化的细胞突起,然后从周围最外侧的萼片原始体突起分化,在其内侧产生花瓣初生突起,这个突起一面发育,一面在其内侧产生雄蕊初生突起,在其内侧基部顺次产生雌蕊初生突起,此时黄瓜的花性别尚未决定。无论以后发育成雌花或雄花,花芽的最初形态完全一样,都显示两性花,不久如雄蕊发育生长,雌蕊则表现退化;如雌蕊发达则雄蕊退化,从形态上能分辨出来。因此,花芽中雌雄器官的任何一方停止发育,就形成单性花。

(3)影响花器分化的因素

其一,品种的固有特性,即遗传的因素。这种遗传性是相当稳定的,主要表现在主蔓第一雌花发生的节位,凡是早熟品种,第一雌花发生节位低,晚熟品种则较高,性型转化的迟早,就决定了品种的熟性。

其二,温度和日照的影响。在温度较低、日照较短的环境条件下,能促进花芽向雌性转变,有利于雌花形成。在温度和日照两个条件中,日照决定花芽的产生,而温度决定花芽性型分化的趋向。因此,一些南方品种,在北方做春夏季栽培,往往表现晚熟,或不能开花。如果使其开花结果,就必须经过苗期遮光处理。即展开第一片真叶的幼苗,每天给予8～10个小时日照,其余时间用黑布罩遮光,连续处理10～15天,能有效地促进花芽分化。产生花芽后,白天25℃,夜间13℃～17℃,有利于花芽向雌性型分化。

其三,植物生长调节剂处理。黄瓜的花芽,分化初期是两性花,在发育过程中由于激素水平的不同而影响性别的分化。如果赤霉素含量处于低水平,则雄性花的分化受到抑制,致使形成雌花数多;如果赤霉素处于高水平,则形成雄花数多。所以在黄瓜花芽未分化时,可以通过调节激素的含量控制其性别的表现。生长2～4片真叶的幼苗喷150毫克/千克赤霉素,可以在第十节位左右出现雄花。用300～500毫克/千克的硝酸银溶液喷洒二叶一心的黄瓜幼苗,隔3～4天喷1次,共喷

3～4次,也可诱导出雄花,所用成本比用赤霉素低。

2. 花器构造与开花结果习性 黄瓜通常为雌雄同株异花的单性花。花冠黄色,花冠、花萼均上离下合,通常为五裂片呈钟状。雌花花冠上部有5～6个裂片,下部联合,花冠下有明显的下生子房,称为"子房下位"。雌花的花柱很短,柱头肥大呈多瓣状,子房一般3室,个别有4～5室,子房内胚株总数一百至几百个不等,因品种不同和受精发育情况而异。雄花无子房,花冠也为黄色钟状,雄蕊5个,两两结合,似3个,花药呈回纹状曲折密集排列,成熟时向外开裂散出黄白色花粉。

通常主茎下部叶腋间的花先开放,然后由下而上,由主枝到侧枝逐渐开放。黄瓜在早晨空气温度为16℃左右时开放,一般早晨6～8时开放。但与光照有关。雄花在开放前两天花粉成熟,开花当天散出花粉。散粉与温度有关,16℃～17℃开始散粉,最适温度为18℃～22℃,当气温不正常时推迟散粉。黄瓜雄花比雌花多开放1天即凋谢,花粉寿命较一般蔬菜短得多,以开花散粉后第一小时内花粉生活力最强。开花当天的温度对花粉生活力影响很大,20℃～27℃时花粉生活力仍较高,高温期开花后4～5个小时就丧失黏性,超过35℃时则死亡。雌花开放后2天内均有接受花粉的能力,但雄花到下午就凋萎,特别在高温时凋萎更早。在人工杂交中,应尽量采用当天开放的花朵中的新鲜花粉。雌蕊也以当天授粉的结实率和结籽数量多,因此杂交也应尽量用当天开放的雌花。

通常由昆虫传粉,花粉管沿花柱的输导组织达到胚囊,并且通过囊孔和胚珠孔进入胚珠,放出精子,通过双重受精,形成合子和胚乳原核,从而完成受精过程。黄瓜由授粉到受精需4～5个小时。从开花到种子成熟,约需40天。

黄瓜的营养生长和生殖生长几乎同时进行,而且是互相影响,互相制约。生殖生长过强则抑制了植株生长,植株无足够的营养来提供种瓜。营养生长弱也容易引起化瓜,对留种不利,所以对两者的关系应采用栽培的手段进行调节。

黄瓜的主蔓和侧蔓结果,取决于品种的特性。一般来说,早熟品种是主蔓结果,而结果的节位很低,第三、第四节位就出现雌花;中熟品种主、侧蔓都能结果;晚熟品种,尤其是华南型的一些大型品种,则以侧蔓结瓜为主。

黄瓜结瓜的顺序通常自下至上,但一些早熟品种,上部结瓜之后,又回到了下部的节位结瓜。甚至在结过瓜的叶腋间也出现雌花,或者长出一短小侧枝,第一节位就开花结果,这些瓜叫回头瓜。回头瓜对上市嫩瓜提高产量起很大作用,但因成熟度不够或混杂等原因,不能留种,应及时采收嫩瓜。

黄瓜靠昆虫传粉,雌花受精后种子才能发育。有些品种,尤其是保护地栽培的黄瓜品种,不经传粉受精,雌花的子房照常发育膨大,这叫单性结果。单性结实性状对在冬季无昆虫传粉的条件下栽培黄瓜是十分有利的,而对黄瓜采种,却造成果实累累的假象,实际上却无种子。因此,要注意抓好采种田的授粉。

二、常规品种的制种技术

(一)黄瓜原种的生产方法

黄瓜为雌雄同株异花的异花授粉作物,若靠昆虫进行异株授粉,容易出现混杂和品种退化,因此,黄瓜繁种不仅要注意隔离,更要注意原种的纯度。选留原种和提纯复壮的原种生产可采用单株选择,分系比较,系内混合授粉、混合繁殖的方法。

1. 选择单株　在原种田或纯度较高的种子田中进行。选择单株时要注意植株的开花结果习性,第一雌花着生部位及植株分枝习性等;果实的瓜条形状、大小、色泽及其表面特征等。

一般分 4 次选择:第一次在雌花开放前进行初选,选择雌花节位低,瓜码密,具有原品种特性特征的单株标记为授粉株;第二次在根瓜商品成熟期,选瓜柄短、果实发育快、已行人工授粉的单果,注意对嫩瓜的商品性,如皮色、刺瘤、瓜形,品质以及雌花率、生长势等方面的选择;第三次在种瓜成熟期,根据种瓜色泽、网纹、瓜形及抗病性特征决选株果;第四次在拉秧期对决选的已采种果的植株进行最后一次单株生产力、抗病性、抗热(寒)性的鉴定。将第一次初选单株的花进行人工授粉(自交)。人工授粉的单果,经田间第二、第三次两次选择,将决选单果分别采种,分别编号,分别保存。

2. 株行圃　每单果至少种植 30 株,要有固定专人观察记载第一雌花节位,开花期植株分枝习性,叶色,叶形,果实形状、大小、色泽、表面刺瘤、抗病性等。边观察、边鉴定、边淘汰。

3. 株系圃　每个株行种子种植一个小区,用原种种子做对照,田间观察记载项目同株行圃。每个株系要取 1 行计产,产量超过对照的为决选株系,其种子可混合保存,作为下一年原种圃用种。

4. 原种圃　进一步鉴定,并扩大繁殖,在种瓜成熟期,根据本品种的性状选择一次,将选出的优良种瓜混合采种做原种繁殖用。

原种生产中均要采取人工自交等黄瓜人工授粉技术。自交是将雄花花粉授于自身植株的雌花上。株系或品种内不同株之间授粉,叫"姐妹交"。不同品种之间的植株授粉,叫做"杂交"。自交授粉时没有异株的花粉混入。因此,要采取捆花、杀死异株花粉、人工授粉等一系列措施。

(1)捆花 为防止雌雄花开放后昆虫带入异株花粉,在开花前一天下午,就应将花蕾捆住,第二天花虽已开放,但花瓣不能张开,昆虫不能钻入取蜜。捆花有多种方法,最简便的是用 5 安培保险丝捆花,保险丝可以随意弯曲和折断,捆花后也容易解开再用。也有的用 22 号铁丝做成 1.5 厘米长的夹子,使用也较方便。捆花时期是在花蕾的花瓣已变鲜黄,第二天就能开放的花蕾。捆花的部位是在花瓣的中部。捆花的位置距萼片太近或在花蕾顶部,则花瓣会照常开放,起不到捆花防止昆虫的效果。

(2)授粉时间 开放前 1 天或开放后两天的雌花都有受精能力,但当天开放的雌花受精能力最强,雄花的寿命比雌花短。开放后第二天的花粉已失去生命力,开花当天上午雄花的授精能力最强,下午的授精能力已大为降低,花粉粒脱离了花药,则只能存活 4 个小时。因此,无论从雄花还是雌花的生命力来说,都是开花当天上午授粉的效果最好。

(3)授粉方法 授粉前 1 天将雄花和雌花花蕾捆住,第二天上午解开雌花的捆丝,摘下雄花,剥去花瓣,用镊子取出花药,在雌花柱头上轻轻摩擦,再将授过粉的雌花捆住,挂上纸牌,注明品种、株号及授粉日期。换授另一株时,用酒精擦洗镊子和手指,杀死镊子和手指上的花粉,防止将花粉带到另一植株的雌花上去。

(二)制种技术要求

1. 采种地点 为了降低采种成本,保证种子质量,选择最适宜黄瓜生长的地区采种是极为重要的。我国南方种瓜成熟期适逢梅雨季节,种子易遭霉烂损失;而华北大平原春季寒冷干燥,夏季酷热,黄瓜的生长期最短,因此采种田种子产量不高。在东北三省、内蒙古自治区、山西省以及云贵高原,夏季不太热,温暖湿润,黄瓜生长期长,结瓜多,种子产量高,是理想的黄瓜采种地区。华北南部结合隔离纱棚采种也可取得良好效果。另外,各地应注意选择适宜黄瓜生长的小气候环境作为采种基地。

2. 隔离条件　黄瓜是虫媒花,要防止其他品种的花粉带入采种田内,造成品种混杂。在采种田周围 1 000 米内,不得栽种其他品种的黄瓜。除了防止其他采种田黄瓜的花粉传入外,还要防止蔬菜田黄瓜的花粉传入,并注意一家一户房前屋后种的零星栽培黄瓜的花粉传入。另外,与甜瓜、越瓜等异种虽不能杂交,但它们的花粉能刺激黄瓜产生无籽果实,因此,最好要有一定的距离。

3. 栽培管理技术

(1)育苗　黄瓜采种应安排在春夏季栽培,而且必须育苗。育苗使黄瓜延长了 1 个多月的生长期,这样可以增加种子的产量。

(2)定植密度　由于留有种瓜的植株生长势比收摘嫩瓜的植株弱,所以采种田黄瓜定植密度应大于收摘嫩瓜的黄瓜。具体密度依品种和栽培方式确定,一般比同品种上市嫩瓜的栽培密度增加 20%。

(3)增施有机肥　黄瓜栽培应以有机肥为主,采种田更要注意增施有机肥,除腐熟的猪、牛粪外,增施鸡粪、豆饼等精肥。施用的有机肥中除了氮肥之外,还应含有丰富的磷、钾肥,这些肥料能使种子饱满,增加产量。

（4）整枝摘心　为了不使植株养分消耗在过于旺盛的营养生长上，应及时除去不留种瓜的侧枝。另外，留2～3条种瓜之后，在种瓜以上留5～6片叶后把生长点打掉，使营养集中到种瓜上，控制植株继续生长。

（5）种瓜节位与留瓜　中晚熟品种第一雌花出现节位高，第一条瓜就应留种；而早熟品种3～4片叶就出现雌花，第一雌花是否留种，视植株的生长情况确定。如果植株发育健壮，第一雌花就应留种；如果植株生长势弱，叶片很小，那么第一雌花在未开之前就应摘去，使养分集中到营养生长上，等第二雌花出现再留种。如果黄瓜的适宜生产期很长，每一植株上不仅能留2～3条种瓜，而且留种节位有调节的余地。如果黄瓜的适宜生长期很短，每株只能留1条种瓜，那么留种节位调节的余地就很小，第一雌花应及早留种。

（6）自然授粉及辅助授粉　黄瓜不经授粉也能结瓜，但没有种子，因此，采种必须授粉。蜜蜂、蝴蝶、苍蝇等昆虫都是携带花粉的媒介。如果连续不断地喷杀虫剂，消灭所有的昆虫，也就消灭了传粉的媒介，黄瓜采种将大受影响。因此，采种田在开花结果期要保护昆虫，有条件的，还应放养蜜蜂，增加传粉媒介。在温室大棚中采种，或在露地采种遇阴雨天气，昆虫很少，就要进行人工辅助授粉，其方法是在开花当天上午取下异株上的雄花，将花药在雌花柱头上轻轻摩擦，或用毛笔刷取花粉，在柱头上涂抹。在开花坐果期每天反复授粉，能显著地提高种子产量。

（7）去杂去劣　从第一雌花出现到采收种瓜都要注意去杂去劣。去杂，是将非本品种特性的黄瓜种株淘汰。从植株出现侧枝情况，看第一雌花节位与本品种的差异；从嫩瓜上看，果形、刺瘤、皮色等不符合本品种特征的植株，就应及时拔掉。

对种瓜畸形、烂果等，也应及时淘汰。采收种瓜时，也应根据种瓜的特征，及时去除杂果。

(8)采收种瓜及洗种　黄瓜雌花受精后25天左右，种子已有发芽能力，但尚未饱满。受精后40～50天时间，种子才能饱满。因此，种瓜应留在植株上让其充分成熟，因为采下后熟的效果不如留在种株上的好。

一般情况下，黄瓜种瓜需后熟6～10天，后熟的种瓜最好放在室内架上或室外通风不见光和雨的地方，单层平放。

洗种时应先剖开种瓜，将种子和瓜瓤一起掏出，放入缸内发酵，注意不用金属容器，金属容器会使种皮变黑。发酵的种子也不能加水，加水就会稀释瓜瓤中抑制种子发芽的物质，导致发酵过程中种子发芽。发酵的时间视温度而定，温度高时4～5天就发酵，种子脱离瓜瓤后下沉，瓜瓤漂浮在表层。如发酵过度，种子色泽会变灰，失去光泽，甚至影响发芽率。将发酵后的种子放在清水中漂洗，沉入底层的是饱满的种子，浮在上面的是瘪籽，应将它和瓜瓤发酵物一起漂洗掉。将漂洗出的种子放在苇席上晾晒，切忌放在水泥地上暴晒，这样会灼伤种子，降低发芽率。合格的种子外表洁白，无杂物，含水量低于9%，发芽率在95%以上，千粒重为25～30克。

华北型黄瓜每条种果种子数为200～300粒，千粒重20～30克。500克种子需50～100条瓜。每667平方米产种子15～30千克，最高可达80千克。

少量采种或单株采种，可以不经发酵而直接洗籽。其方法是将种子和瓜瓤放入纱布中，在盛水的盆中搓洗，使种子脱离瓜瓤，然后都洗入盆中，种子沉入底层，瓜瓤和瘪籽浮在上面，将浮物漂洗掉，即得到干净的种子。这种方法比采用发酵法洗出的种子更洁白，更有光泽，发芽率高。

三、一代杂种制种技术

黄瓜的一代杂种优势很强,有显著的增产效果。近年来育成的黄瓜新品种大多是一代杂种。一代杂种制种法有人工杂交制种法、利用雌性制种法和化学去雄制种法。杂种生产中要防止混杂,制种田除父母本黄瓜之外,周围 1 000 米之内不能栽种其他黄瓜品种,在制种全过程中,要严格拔除杂株劣株;制种过程中可增加授粉次数和授粉量,以提高种子产量。自然杂交时,昆虫少会影响花粉传播,尤其是阴雨天更缺少花粉,应在每天上午进行人工辅助授粉。

(一)人工杂交制种

黄瓜为雌雄同株异花,且花朵大,人工杂交无须去雄,又容易操作,因此,人工杂交制种比十字花科蔬菜等容易。在缺乏隔离条件、制种面积不大的情况下,人工杂交制种是可行的,并且已在生产上应用。

为了使花期相遇,并使雄花多于雌花,一般父本比母本提前 5～7 天播种,父母本的定植比例为 1∶4 或 1∶6。父本雄花多的,可以少栽。父母本可以隔行栽,也可分两处栽。

在开放条件下(有昆虫传粉),授粉前 1 天下午将第二天能开放的父本的雄花和母本的雌花花蕾捆住(具体方法见原种繁殖),捆花数雄花应多于雌花。开花当天上午授粉时将雄花摘下,解开被捆的雌花进行授粉。当天开放的雌花逐朵依次进行,换授第二朵时无须用棉球擦洗镊子和手指,但仍需将雌花捆住,以防止昆虫传粉。对授过粉的雌花用线捆住花柄作为标记。采摘种瓜时也可以标记作为授粉的真伪。授粉时要及时摘去未经授粉的嫩瓜。在开花期间要及时授粉,每株授5～6朵雌花。因植株营养分配的关系,能够发育膨大成种瓜的只有2～3条。在授粉期和授完粉的种瓜膨大成熟期,要不断摘除未经人工授粉的嫩瓜,特别要注意摘除回头瓜和种瓜的去杂去劣。

如果在隔离纱棚等隔离条件下采种,就可省去上述捆花等操作,直接在上午进行人工杂交授粉,并对杂交果做标记。

植株栽培等其他管理同常规品种采种方法。

(二)利用雌性系制种

普通黄瓜雌雄同株,即植株上既有雌花,又有雄花;而雌性系黄瓜植株上只有雌花,而无雄花。因此,一代杂种制种就无须去雄,而且所制的一代杂种制种要求纯度很高。另外,雌性系对黄瓜的雌雄同株性状是显性。因此,雌性系制的一代杂种也是雌性性状。表现为早熟、瓜密、采瓜期集中,具有丰产性强等优点。

利用雌性系制杂交种首先要进行雌性系(母本)的大量繁殖,才能进行杂交种的繁殖。

1. 雌性系的繁殖　采用诱导雌性株产生雄花,在隔离条件下自然授粉来繁殖雌性系。生产中常采用两种药剂即赤霉素和硝酸银。

(1)赤霉素　赤霉素中以 GA_4、GA_7 最有效,所以赤霉素质量常影响诱导效果,甚至不同生产厂家及不同批号生产的赤霉素均有可能影响处理效果,常表现为效果不稳定;同时,不同的气候条件下处理的浓度也应有所调整。一般使用浓度为 0.1%～0.4%,连续喷 2～3 次,每隔 5 天喷 1 次。

具体做法是喷赤霉素的雌性系植株与不喷赤霉素的同一

雌性系植株按 1：3 种植。因喷赤霉素后到雄花开放需经过 15 天左右,所以喷赤霉素的要提前播种 10～15 天,才能使两者花期相遇。当植株长到 5～6 片真叶时,把出现少量雄花的个别非纯雌性系拔除,并将保留的正常雌性系摘除顶芽,然后喷赤霉素,并隔 5 天喷 1 次,连续喷 2～3 次。因顶芽摘除后促进了侧芽生长,侧蔓长到 2～4 片真叶时雄花就出现,就可与未喷赤霉素的雌性株(当未喷赤霉素的植株在能辨别性别时,也要及时拔除非纯雌性株)杂交,而保持和繁殖雌性系的全雌特性。

(2)硝酸银 硝酸银用得较多,诱导效果比赤霉素好,效果较稳定。一般使用浓度为 300 毫克/千克,硝酸银保存不能见光,随配随用,不能用自来水(自来水中钙离子浓度高)配,否则易产生沉淀。高浓度的硝酸银易出现少量药害,叶出现斑点,局部叶片皱缩,以后斑点干枯,过高浓度甚至造成死苗。具体做法是在 4～5 片真叶时喷 1 次硝酸银溶液,隔 4 天喷 1 次,其他管理同赤霉素处理。

(3)两性花品系 除上述硝酸银、赤霉素外,还可用育成长果型两性花品系来繁殖和保持雌性系,并进一步用两性花品系即(雌性系×两性花系)×普通自交系来配制三交种。两性花系主要利用 m2 基因,而 m1 基因连锁短子房基因不能利用。

用赤霉素和硝酸银处理繁殖雌性系时也可以在植株长到二叶一心时喷药,此时正是在花芽分化初期,诱导效果较好,但因植株小,不能对其雌花的分化情况进行选择淘汰,长期使用会造成雌性系中雄性株比例的下降。所以,最好是在植株具 5～6 片真叶时,经选择淘汰个别的非纯雌性株后再诱导雄花的产生,进一步繁殖雌性系。

2. 利用雌性系生产杂交种 利用雌性系制种时,在隔离条件下父母本比例按 1:3 种植,即 1 行父本,种 3 行雌性系母本,母本在开花前拔除出现雄花的弱雌性株,使之自然杂交或人工辅助杂交,在母株上只选留 2 条种瓜,在母本上采到的种子即为杂种一代种子。由于雌性系黄瓜开花早,父本黄瓜就要提前 7 天左右播种,以保证父母本植株花期相遇。

(三)化学去雄自然授粉制种

大面积制一代杂种靠人工一朵一朵地授粉,用工太多,成本太高。为解决这一问题,利用母本黄瓜只开雌花,不开雄花的特点可省去大量的用工。目前,应用的黄瓜去雄剂主要为乙烯利(二氯乙基磷酸),应用乙烯利给黄瓜去雄时,首先将 40% 的乙烯利原液对水成 1 200～1 500 倍稀释液,浓度为 200～300 毫克/千克。在黄瓜幼苗二叶一心期进行首次喷药,以后每隔 4～5 天喷 1 次,共喷 3～4 次。夏黄瓜花芽分化较晚,可在第二叶展开时喷药,此后每隔 3～4 天喷 1 次,共喷 3～4 次。喷药时间宜在早晨或傍晚进行,此时空气湿度较大,药液可较长时间停留在叶片上供吸收。经过处理的幼苗,待长到定植标准时,按父母本 1:3 比例隔行定植,每 667 平方米定植 5 000 株左右。如乙烯利的浓度适宜,处理得当,母本植株在 10～15 节位以内便会出现雌花,由昆虫任其传粉,母本植株上采得的种子,即为一代杂种。为了保证一代杂种的纯度和种子产量,要注意乙烯利去雄的效果,受药的纯度、浓度以及黄瓜的品种和喷药时的气候条件等的影响,在处理后的母本株上还会出现个别雄花,特别是 15 节位以上出现的雄花,虽然花数不多,但对种子纯度有极大影响。因此,必须在蕾期及时摘除母本株上的雄花;种瓜坐瓜后,及时打顶,防止上部出现雄花,这样会避免出现假杂种。

另外,乙烯利为酸性,遇碱不稳定,不能与碱性农药(如波尔多液)和碱性水混用,要随配随用。

四、病虫害防治

(一)主要病害防治

1. 苗期猝倒病

【症　状】　猝倒病俗称卡脖子、小脚瘟等。子叶期幼苗最易染病。初染病时,黄瓜植株茎下部靠近地面处出现水浸状病斑,很快变成黄褐色,当病斑蔓延到整个茎的周围时,茎基部变细呈线状,常常是子叶还未凋落,苗子就出现成片倒伏而死亡。湿度大时,病株附近长出白色棉絮状菌丝。该病菌侵染果实导致绵腐病。

【发病条件和规律】　猝倒病是由瓜果腐霉菌侵染引起的真菌性病害。病菌生长的适宜地温是 15℃～16℃,温度高于 30℃时受到抑制。适宜发病的地温为 10℃。育苗期出现低温、高湿时易发病。黄瓜猝倒病菌可在有机质多的土壤中或病残体上营腐生生活,并可成活多年,它是猝倒病发生的主要侵染源。病菌靠土壤中水分的流动、农具及带菌的堆肥等传播蔓延。黄瓜子叶期最易发病。子叶期胚中养分已耗尽,真叶还未长出,新根未扎实,胚轴还未木栓化,此时遇不良天气,最易感染病害。特别是育苗设施内通风不良,阴天、雨天、雪天又不揭开不透明覆盖物,使幼苗养分消耗过多,生长弱,幼苗过于幼嫩时,更易发生猝倒病。苗床灌水后最易积水或棚顶滴水处,常最先出现发病中心。3 片真叶后发病较少。猝倒病是冬春季黄瓜育苗期易发生的病害。

【综合防治措施】 ①改善和改进育苗条件和方法,加强苗期温湿度管理,预防猝倒病的发生。育苗应选择地下水位低、排水良好的地块做苗床,施入的有机肥要充分腐熟。可采用快速育苗、营养方育苗、营养钵育苗、无土育苗等相结合的方法防止猝倒病的发生和蔓延。种子要消毒。育苗期间创造良好的生长条件,增强幼苗的抗病能力。苗床要整平,有机肥要充分腐熟。幼苗开始出土后加强通风换气,降低湿度,及时中耕培土,提高地温,促进根系发育,增强幼苗的抵抗力。育苗期间苗床温度控制在 20℃～30℃,地温保持在 16℃以上。出苗后尽可能少浇水,必须浇水时宜选择晴天进行,忌大水漫灌。在连续阴天、雨天应及时揭去不透明覆盖物。育苗时,在保证温度的情况下,要坚持中午前后进行短时间通风换气。如果保护地内温室温度过低,无法进行通风时,可采取临时加温的方法,提高保护设施内的温度,再进行通风换气。连续阴天后突然大晴天应采取"回席"管理。②床土消毒。最好选择无病的新土做床土。沿用旧土时,可用甲霜灵、代森锰锌、多菌灵等药剂消毒。药剂消毒时,可以采用浇底水的方式,在底水基本渗入时,喷洒到育苗畦或育苗钵中。或将农药与细土拌匀,当底水渗下后,将药土撒在畦面上,播种后也用药土覆盖。③药剂喷洒与浇灌防治。苗床发病前,应用多菌灵、百菌清等药剂进行预防。发病初期可喷洒 25%甲霜灵 800 倍液,或 72%普力克 400 倍液,或 64%杀毒矾 500 倍液,或 40%乙磷铝 200倍液,或 25%瑞毒铜 1 200 倍液,或 50%多菌灵 500 倍液,或75%百菌清 600 倍液等药剂,或直接用药液浇灌。尽快清除病苗和周围的病土,在病部灌药。

2. 苗期立枯病

【症　状】 发病初期,白天幼苗叶片萎蔫,晚上和清晨可恢复;病苗茎基部产生暗褐色椭圆形病斑,且渐渐凹陷,进一步扩大绕茎 1 周时,茎基部萎缩,叶片萎蔫,且不能恢复原状,最后幼苗干枯,枯死病苗多立而不倒。湿度大时,病苗上形成淡褐色蜘蛛网状的菌丝,苗床上病害扩展较慢,这些症状与黄瓜猝倒病有显著的区别。

【发病条件和规律】 立枯病是由立枯丝核菌引起的真菌性病害。病菌发育适温为 24℃,最高 40℃～42℃,最低 13℃～15℃。高温高湿有利于发病和蔓延。病菌的腐生性较强,在土壤中可存活 2～3 年,所以带菌的土壤和病残体是主要传染源。主要通过流水、农具和带菌的有机肥等传播。当使用带有病菌的未消毒的旧床土育苗,或施用未腐熟的有机肥,在苗床温度较高和空气不流通,幼苗发黄时,易发生立枯病。立枯病是春季黄瓜出苗一段时间后较易发生的病害之一。

【综合防治措施】 ①种子消毒。可用拌种双、多菌灵等药液浸种 30 分钟,然后洗净后催芽。②床土消毒。可选用甲霜灵、福美双、代森锰锌、多菌灵等药剂处理床土,可用药液浇灌,或将农药与细土拌匀后施入苗床。也可高温消毒床土,如埋设电热线可使苗床升温至 55℃维持 2 个小时,或密闭保护设施,用人工和太阳光加温到 50℃,保持 3 天以上再通风。③喷洒与浇灌防治。发病初期可选喷普力克、瑞毒铜、多菌灵、利克菌、甲基硫菌灵、百菌清等药剂,或直接用药液浇灌。具体方法可参考猝倒病的防治。④加强育苗期的管理。幼苗出土后加强通风等管理,加强幼苗锻炼,防止幼苗徒长,避免苗床温湿度过高。

3. 霜 霉 病

黄瓜霜霉病俗称跑马秆,是黄瓜栽培中最易发生的病害之一。一般年份可使黄瓜减产 10%～20%,病害流行时可减产 50％以上，严重时可全田毁灭。所以黄瓜霜霉病的及时预防和防治是黄瓜栽培成败的关键之一。

【症　状】　发病初期，当叶背面上有水膜时，可看到有针刺状水浸状斑点，水分蒸发后就看不到病斑，病情继续发展时会形成受叶脉限制的呈多角形病斑。当病情严重时，病斑连成一片。叶片上没有水膜时出现黄瓜病斑。严重时在叶背形成紫灰色霉状物。最后叶片由黄变干枯。一般由植株下部逐渐向上部发展。抗病品种发病时，叶片褪绿斑扩展缓慢，病斑较小，呈多角形甚至圆形，病斑背面霉层稀疏或没有，病势发展较慢，叶片上病斑不易连片。

【发病条件和规律】　黄瓜霜霉病是由古巴假霜霉菌引起的真菌性病害。病菌侵入叶片的温度范围为 $10℃～26℃$，最适温度是 $16℃～24℃$，温度越高对病菌的抑制作用越大。大流行时的适温为 $20℃～24℃$，在此适温内 3 天即可发病。夜间温度由 $20℃$逐渐降到 $10℃$，叶片有水膜经 $6～12$ 个小时，病菌才能完成发芽和侵入。低于 $15℃$或高于 $30℃$发病受到抑制。病害发生的另一主要因素是叶片上必须有水分，如果叶片上没有水分，即使温度适宜也不会发病。当空气相对湿度在 85％以上时，黄瓜叶片上就会形成水膜，加上适宜的温度就可发病。发病时，一般从幼嫩叶上开始，由植株的下部逐渐向上蔓延。病菌主要在温室黄瓜叶片上越冬或越夏，还可通过种子带菌或风传播。在栽培不当造成田间通风透光不良，田间湿度大，植株生长不良，叶片大而薄、发黄，多雨、多露、多雾和昼夜温差大，阴天和晴天交替的气候条件下，较易发病。

【综合防治措施】　防治黄瓜霜霉病，必须特别加强控制黄瓜栽培的环境条件，结合多种防治方法进行综合防治。应重视防止发病，如果发病，必须加强药剂等防治措施，控制其蔓延,使损失降到最低限度。

(1)种子消毒　将种子用 50%多菌灵粉剂 500 倍液浸种 30 分钟,再用清水冲洗干净,或用其他药剂处理,以消灭种子上所带的病菌。

(2)培育壮苗,加强田间管理　培育生长健壮、根系发达的壮苗,加强抵抗不良环境的能力,定植后可显著减少霜霉病的发生。

正确地确定定植期,如果定植过早,易受低温影响,使黄瓜幼苗根系受伤害,在相同栽培条件下易感染霜霉病。定植后加强肥水管理,科学施肥,并进行叶面施肥和二氧化碳施肥,以提高植株的抗病性。

(3)创造不利于霜霉病发生的田间小气候　如果在设施内繁种,可将温湿度控制在适于黄瓜生长发育而不利于病害发生的范围内,尽可能避开 15℃～24℃的温度,或通过通风口的管理,使设施内温度迅速通过 15℃～24℃。棚温白天可控制在 28℃～32℃,下午逐渐通风,当下午棚温降到 20℃时,及时关闭通风口,日落后再通风降温降湿,使上半夜温度降到 13℃～15℃,下半夜降到 12℃～13℃。保护地中可采用地膜覆盖栽培,有利于降低设施内的空气湿度。有条件的,可进一步采用地膜下点滴或膜下浇暗水等方法,特别是在冬季、早春日光温室内,避免明水漫灌,以进一步降低设施内的田间湿度。设施内要加强通风降湿管理,以降低田间湿度,防止叶片结露。夜间和阴天等不宜灌水。灌水后,为降低设施内湿度,可关闭通风口,使设施内温度迅速升高到 33℃并持续 1 个小时,然后迅速通风排湿;3～4 个小时后,设施内温度降到 25℃,可再关闭通风口,进行上述升温排湿的操作管理,这样可减少当天夜间叶面结露量,叶片水膜面积可减少 2/3,以利于减少发病。

（4）高温闷棚　在设施内繁种时，在温室和大棚内病情发展迅速，不好控制时，可采用高温闷棚防治霜霉病。闷棚方法是：闷棚的前 1 天先浇水，第二天晴天上午 10 时左右关闭所有的通风口，使温室或大棚内的温度升高到 46℃，持续 2 个小时，然后适当通风，使温度缓慢下降，逐渐恢复到正常温度。通风降温一定要逐步缓慢下降。如果一次不能控制病害的蔓延，可间隔 2 天再进行 1 次闷棚处理，可有效抑制霜霉病的蔓延危害，闷棚后 5 天左右可正常结瓜。闷棚时，棚内温度必须严格控制在 46℃，温度低于 42℃起不到杀死病菌的作用，高于 48℃会使黄瓜受害。所以应在棚内挂温度计，挂温度计的地方和高度要有代表性，要挂在温室中间，南北延长的大棚要挂在南头 1/4 处中间靠东 1 米处，温度计的高度（表的球部）与黄瓜生长点（俗称龙头）平均高度相同。生长点触到棚膜的，要把生长点弯下来。闷棚期间，当棚温达到 46℃时要隔5～10分钟观察 1 次温度，如果棚温继续上升超过 46℃，就要将棚室顶部打开小缝隙，使温度稳定在 46℃，并维持 2 个小时。

闷棚防治病害，闷棚前必须浇水，严格控制棚内的温度和持续时间；闷棚结束后，降温缓慢进行。闷棚时使用的温度计必须经过校正，不知道其误差的温度计不能随意使用，否则会使控制的温度不正确，不是达不到闷杀病菌的目的，就是使黄瓜的龙头甚至叶片受灼伤。闷棚结束时，如果通风过大过急，使棚温骤然下降，会使叶片很快失水，造成叶片边缘卷起变干，损伤叶片。如果闷棚期间发现龙头的小叶片开始抱团，是温度过高的表现，这时应通小风降温，绝不能使龙头打弯下垂而烧伤龙头，下垂的龙头经通风降温后会干枯死亡。高温闷棚后，黄瓜植株和幼果经历了高温，其生长和发育会受到一定的影响,为尽快恢复其生长发育,应加强管理,追施速效肥和进行叶面追肥,使之恢复生长。

(5)药剂喷雾防治 黄瓜定植缓苗后就应进行预防性喷药,可选用广谱、价低的百菌清、多菌灵、乙磷铝等农药,隔7天左右喷雾1次。黄瓜发病后,更要加强药剂防治,防止其迅速蔓延,可选用雷多米尔、百菌清、甲霜灵(瑞毒霉)、瑞毒铜、瑞毒锰锌、乙磷铝等农药喷洒,可5~7天喷1次,根据病情可连续喷洒3~6次。这些农药大多可与其他酸性农药和化肥等混用,但不能与含铜、汞及强碱性农药或其他药剂混用。这些农药的使用浓度和方法,可参考各种农药的说明书。

(6)熏烟和喷粉防治 在温室和大棚等保护设施内,为降低设施内的湿度和提高施药效果,还可采用熏烟防治和喷粉防治。

熏烟防治:当设施内黄瓜上架后,喷药较费工,且不易喷得周到,同时药剂喷雾易使设施内湿度增加,特别是在阴雨天气喷雾,湿度会加大。用熏烟法防治可克服这些不足,既省工,又便于操作,防治效果较好。一般用百菌清烟剂熏烟,其用药量可根据设施的容积及药剂特性,参考说明书确定。熏烟时,将药剂分成多份,均匀分布于设施内,于傍晚将设施关闭,然后在设施内点燃烟剂,使烟在设施内均匀弥漫,第二天早晨通风。一般隔7天左右熏烟1次,可根据病情确定熏烟间隔时间。

喷粉防治:在温室或大棚内,喷10%的防霉灵粉尘或5%百菌清粉尘,每1000平方米用药1~1.5千克。用丰收5型或10型喷粉器(中国农业科学院植保所研制)喷粉。喷粉应在早晨或傍晚进行,喷粉前将通风口关闭,喷粉后1个小时通风。早春喷粉5~6次,隔7~10天喷1次。

4. 细菌性角斑病

细菌性角斑病较易发生,特别是在湿度大的环境或多雨的季节发生普遍。细菌性角斑病的前期症状与霜霉病有相似之处。

【症　状】　细菌性角斑病病菌可侵染叶片、叶柄、卷须和果实,很少在茎上发病。幼苗到成株期均可发病。子叶染病产生圆形或卵圆形水浸状凹陷病斑,以后病斑呈黄褐色;真叶被侵染后,发病初期,早晨叶片有水膜时,叶片正面无变化,叶背有针刺状斑点,生理充水更明显。中期病斑扩大,因受叶脉限制而呈多角形,黄色、褐色混在一起,无明显界限,湿度大时,叶背面和果实上有乳白色浑浊水珠状黏液(菌脓),干后有白痕。发病后期,病部质脆易穿孔,这是该病与霜霉病最显著的区别。茎和叶柄及幼果上的病斑也为水浸状近圆形的小点,沿茎沟纵向扩展,呈短条状,后变淡灰色,病斑中间常出现裂纹;潮湿时,果实上的病斑可产生菌脓,病斑可向果实内部扩展,使沿维管束的果肉变色,一直延伸到种子,使黄瓜种子带菌。幼果被侵染后,常会腐烂、早落。

【发病条件和规律】　细菌性角斑病是由丁香假单胞杆菌引起的细菌性病害。病害发生的适宜温度为 25℃～27℃,相对湿度 90%～100%。当温度在 7℃～8℃时即可侵染,且在 30℃等较高温度下也能发病。发病温度比霜霉病低,所以发病比霜霉病早。病菌在 50℃时 10 分钟即可致死。病菌可在种子内外或随病残体在土壤中越冬,成为初侵染源。病菌可在种子内存活 1 年,在土壤中的病残体上可存活 3～4 个月。

【综合防治措施】　①采种和种子处理。采种时选无病植株留种,以免种子带菌;播种前进行种子消毒处理。可用 50℃水浸种 15 分钟,或用福尔马林 150 倍液浸种 1 个半小时,或用次氯酸钙300倍液浸种0.5～1个小时,或用100万单位的硫酸链霉素500倍液浸种2个小时,浸种处理完后冲洗干净再催芽播种。②实行2年以上轮作。育苗土不能带病菌,以避免土壤中带病菌导致幼苗或植株发病。③喷药防治。可用农用链霉素10万单位1支加水10升喷雾防治。发病初期可用50%琥胶硫酸铜(DT)可湿性粉剂500倍液,或60%琥·乙磷铝(DTM)可湿性粉剂500倍液喷雾。每7～10天喷1次,连续喷3～5次。还可用细菌灵片、福美双、百菌通、甲霜铜、波尔多液、代森锌等药剂喷雾防治。此外,还可用10%乙滴粉尘,或5%百菌清粉尘,或10%脂铜粉尘,于发病前或发病期间喷粉防治,1 000平方米用药约1.5千克,每7天左右喷1次。

5. 炭疽病

【症　状】　在苗期和成株上均可发病。子叶期发病时边缘出现黄褐色半圆形病斑,稍凹陷。成株发病时,叶片上出现水浸状病斑,并逐渐扩大为近圆形棕褐色,外圈有一圈黄晕斑,典型病斑直径10～15毫米;病斑多时,呈不规则的连片斑块;湿度大时,病斑上长出橘红色黏质物;干燥时,病斑中部有时出现星状破裂或脱落穿孔,甚至叶片干枯死亡。叶柄或茎上的病斑常凹陷,表面有时有粉红色小点,病斑由淡黄色变为褐色或灰色,病斑如蔓延至绕茎一圈,茎蔓即枯死。瓜条染病初期呈淡绿色水浸状斑点,很快变成黑褐色,并不断扩大且凹陷,中部颜色较深,上部有许多小黑点;当湿度大时,病斑呈蛙肉状,后期病斑表面产生粉红色黏稠物,常开裂,病果弯曲变形。

【发病条件和规律】　炭疽病由刺盘孢菌引起的真菌性病害。适宜发病的温度范围较大,在10℃～30℃时均可发病。病菌在8℃以下、30℃以上时停止生长,24℃最适于病菌生长。湿度大时,发病严重,特别是空气相对湿度在 95％以上,发展迅速;湿度小于 54％时,不发病。病菌可随病残体在土壤中越冬,病菌也可附着在种子表面,田间架材和设施也可带菌,这些均是翌年病害的初侵染源。在多湿的保护地和露地雨季发病较多。在有的地区,该病已成为主要病害。

【综合防治措施】

(1)种子消毒 将种子用 50℃～55℃温水浸种 15 分钟,或用福尔马林 150 倍液浸种 1 个小时,或用 50％代森铵 500倍液浸种 1 个小时或冰醋酸 100 倍液浸种 30 分钟,而后用清水冲洗干净再催芽。

(2)栽培措施 育苗时注意床土的卫生和消毒,可用多菌灵消毒床土,并用百菌清烟剂熏育苗用的温室及其农具和架材等;培育壮苗,提高幼苗的抗病性;栽培中要多施磷、钾肥,经常进行叶面施肥,增强植株抗性;及时清除病叶和病株,换茬时要将残茬清除干净;发病重的地块要进行 3 年轮作。

(3)药剂防治 可选用 50％敌菌丹 1 000 倍液,20％代森锌 200～300 倍液,70％代森锰锌 1 000 倍液,80％炭疽福镁800 倍液,50％甲基托布津可湿性粉剂 600 倍液,75％百菌清700 倍液,50％苯菌灵粉剂 1 500 倍液,50％多菌灵粉剂 500倍液,双效灵 300 倍液,每 7～10 天喷洒 1 次,连喷 3～4 次。各种药剂可轮换使用。还可用 2％农抗 120 水剂 200 倍液,或2％武夷菌素(BD-10)150～200 倍液喷洒,进行生物防治。

此外,在保护设施内可用 5％百菌清粉剂、5％克霉灵粉剂、12％克炭灵粉尘进行喷粉防治,效果更好。还可用 45％百菌清烟剂熏烟。

6. 白 粉 病

【症　状】 该病主要危害叶片,其次是茎、叶和叶柄。发病初期,叶片正反面出现白色小粉点,后逐渐扩展,病斑呈圆形白粉状,严重时白粉连片,整个叶片被白粉状物覆盖,叶片逐渐变黄、发脆,逐渐枯萎。幼茎和叶柄有时也出现白粉。

【发病条件和规律】　白粉病为瓜单丝壳菌引起的真菌性病害。病菌的孢子在10℃～30℃内均可萌发和侵染,最适温度为20℃～25℃,空气相对湿度25%～85%。主要靠风、雨传播。病害发生对湿度要求较低,湿度在36%～40%时就可侵染发病,即使空气相对湿度在25%,分生孢子也能萌发侵染。高温、高湿和高温、干旱交替出现时,病害最易发生和蔓延。所以,春茬黄瓜生长后期、夏茬和秋冬茬黄瓜前中期较易发生白粉病。

【综合防治措施】

(1)药剂防治　可用2%农抗120水剂200倍液或2%武夷菌素200倍液进行生物防治,在苗期和发病初期喷施效果很好。用于防治白粉病的农药主要有15%粉锈宁(三唑酮)1 000～1 500倍液,30%特富灵粉1 500倍液,40%多硫悬浮剂500倍液,50%硫黄悬浮剂300倍液,20%敌菌酮600倍液,50%甲基托布津1 000倍液,50%多菌灵可湿性粉剂600倍液,50%代森锌1 000倍液等,可在发病季节前进行预防和发病期喷施,每7天左右喷1次,病重时3天喷1次,连喷3次。几种药剂可交替使用。还可用硫黄粉和百菌清烟剂熏烟防治,或用百菌清粉剂防治。

(2)栽培措施　在设施栽培中要加强通风、透光,管理上避开适宜于白粉病发展的温、湿度。加强肥水管理。防止干旱和过湿,防止植株徒长或早衰,以增强植株的抗病性。

7. 枯 萎 病

枯萎病又称蔓割病、萎蔫病。在保护地黄瓜连茬严重的地块发病多。

【症　状】　黄瓜苗期受害时,幼苗茎基部变为黄褐色,子叶萎蔫下垂,生长点呈失水状,重者茎基部缢缩,植株猝倒死亡。成株期受害,根瓜收后生长缓慢,病株叶片自下而上逐渐萎蔫,下部叶片褪绿,由下向上发展,开始时中午出现萎蔫,早晨和晚上全株恢复,以后随着病情的加重,萎蔫的时间越来越长,3～7天后萎蔫不再恢复,最后全株枯死。病株茎基部表皮粗糙,变黄褐色,呈水浸状,潮湿时病斑表面长出白色至粉红色霉层,有时病部流出松香状的胶状物质,最后病部干缩,表面易纵裂。横切茎基部,可看到维管束变黄褐色,这是枯萎病的重要特征。

【发病条件和规律】　由尖镰孢菌黄瓜专化型病菌所引起的真菌性病害。病菌在土壤和病残体上越冬,种子可以带菌,并远距离传播。土壤和种子带病菌是初侵染的主要来源。最适于病菌生长的温度范围是 24℃～28℃,最高 34℃,最低 4℃。在连茬种植,土壤偏酸、黏重,低洼积水,施用未腐熟的有机肥,地下害虫多时,易发病。

【综合防治措施】

(1)种子消毒　可用有效成分为 0.1% 多菌灵盐酸盐(防霉宝)浸种 1～2 个小时,或用 50% 多菌灵 500 倍液浸种 1 个小时,或用福尔马林 150 倍液浸种半个小时,然后冲洗干净后催芽。

(2)土壤消毒　育苗宜选择无病原菌的新土做床土。如用菜园土做床土时应进行消毒,可用 50% 多菌灵可湿性粉剂处理育苗床土或在定植沟内进行土壤消毒。还可用甲基托布津配成药土撒在定植沟内消毒。在温室或大棚内栽培,可耕翻土壤后密闭温室或大棚 10～15 天,利用太阳光加温土壤进行消毒。

（3）栽培措施 植株徒长，生长弱，抗病力下降时，更易发病。大水漫灌，根部积水，土壤含水量高，透气性差，会促使病害发生和蔓延。氮肥过多，酸性土壤，不利于黄瓜生长，有利于病菌的生长，在 pH 值为 4.5～6 的土壤中发病最重。连作地块发病重，有机肥不腐熟，土壤过分干旱，质地黏重的酸性土，易引发枯萎病的发生。所以，栽培中要避免这些不利情况的出现，使植株健壮生长，以提高抗病性。一般采用高畦栽培，有利于减少病害发生。田间发现枯死病株要立即拔除，深埋或烧掉。拉秧后，要清除田间病株残叶，搞好田间卫生。枯萎病发生重的地块要实行 5 年以上轮作。

（4）药剂防治 黄瓜发病初期或发病前可选用 50％多菌灵 500 倍液，50％苯菌特 1 500 倍液，60％琥·乙磷铝 350 倍液，50％甲基托布津 1 000 倍液，40％双效灵 800 倍液，70％敌克松 1 000～1 500 倍液灌根预防和治疗，效果显著。以早预防和早防治效果较好，可每 7～10 天灌 1 次，连灌 3 次。药剂要交替使用。

（5）嫁接防治 黄瓜枯萎病是土传病害，一般常用的防治方法费工费时，效果也不好。实行嫁接，可基本解决黄瓜重茬和枯萎病的问题。其嫁接方法，可参考黄瓜嫁接育苗。

8. 疫 病

【症 状】 疫病为真菌性病害。黄瓜各生育期和各部位均能发病。我国南方该病发生多，北方主要在夏秋季黄瓜上发生多。幼苗期发病，嫩尖呈暗绿色，水浸状软腐，枯死后形成秃顶。近地面基部发病，初期呈暗绿色水浸状，其上的叶片逐渐枯萎，最后造成全株枯死。真叶发病后，产生暗绿色水浸状病斑，以后扩大呈近圆形的大病斑，湿度大时病情迅速发展，造成全株腐烂；湿度小时，病斑边缘为暗绿色，中部呈淡褐色，干枯易脆裂。嫩茎也易发病，病部呈水浸状暗绿色腐烂，且明显缢缩，发病部位以上的茎叶枯死，但维管束不变色，这是与黄瓜枯萎病不同之处。瓜条发病大多从花蒂处发生，出现暗绿色水浸状近圆形凹陷斑，发病部位后期表面长出稀疏的灰白色霉层，瓜条表面皱缩、腐烂，有腥臭味。

【发病条件和规律】　在 9℃～37℃ 范围内均可发病，最适温度为 28℃～33℃。在适温内，湿度愈大，发病愈重。在灌水过多，土壤黏重，根系生长不良时，发病重。在干燥条件下，不利于病菌的生长。病菌在病残体上于土壤或粪肥中越冬，并可存活 4 年。所以，重茬地病菌多，发病严重。种子也可传播病害，但带菌率低。病菌可借灌水、空气流动和风雨传播蔓延。

【综合防治措施】

（1）种子消毒　可用 72％普力克水剂或 25％甲霜灵可湿性粉剂 800 倍液浸种 30 分钟，而后冲洗干净再催芽播种。

（2）栽培措施　选择黏性不重的土壤栽培黄瓜。加强土壤改良，细致整地，采用小高畦栽培；采用地膜覆盖栽培，减少田间湿度；合理灌溉，避免大水漫灌；发病严重的地块一定要进行 3 年以上的轮作；田间发现少量发病时，及时拔除中心病株，清除田间病残体并烧毁。

（3）药剂防治　选用 70％乙磷锰锌 500 倍液，72％普力克水剂 600 倍液，75％百菌清 500 倍液，64％杀毒矾 500 倍液，50％甲霜铜 600 倍液，40％乙磷铝 300 倍液等药剂喷洒防治。各种药剂应交替使用。在地上部植株喷药的同时，还可用 25％甲霜灵 500 倍液，40％福美双（或与甲霜灵 1 比 1 混合使用），70％敌克松 1 000 倍液等药剂灌根。每株灌 200～250 毫升，每 5～10 天灌 1 次，连续使用 3～4 次。

9. 黑星病

黄瓜除根以外均可发生黑星病。20世纪80年代中期,该病首先在我国东北发生。黑星病可通过种子远距离传播,蔓延迅速。目前,该病在山东、河北、北京、内蒙古、海南、河南等省、市、自治区均已发生。

【症　状】　幼苗子叶发病,在子叶上产生黄白色圆形斑点,子叶逐渐腐烂,严重时心叶枯萎,幼苗停止生长,全株枯死。幼苗心叶感病后颜色变黑、溃烂。叶发病初期为褪绿色近圆形小斑点,很快扩展为圆形或不规则形,直径2～3毫米,1～2天后病斑干枯呈黄白色,甚至穿孔,穿孔边缘呈星芒状。果实受害初期呈暗绿色圆形至椭圆形病斑,继而溢出白色半透明胶状物似一小水滴,后变琥珀色(俗称"昌油"),凝集成块,干枯易脱落。一般病斑直径2～4毫米,果实中央凹陷、龟裂呈疮痂状,果实弯曲、畸形,湿度大时病斑上长出煤烟状霉层。病果一般不腐烂。如果生长点受害,生长点萎蔫变褐腐烂,可使生长点在2～3天内脱落,造成"秃顶"。

【发病条件和规律】　黑星病是由瓜疱痂枝孢菌引起的真菌性病害。病菌随病残体在土壤中越冬,种子可带菌,农具和农用设施也可带菌,借雨水、气流和农事操作传播。病菌在9℃～30℃范围内均可侵染,最适温度为20℃～22℃。发病对湿度的要求较高,在空气相对湿度大于90%时发病重,传播快。空气湿度低于80%时,分生孢子不易产生,病斑停止扩展,蔓延缓慢。田间通风、透光差,阴雨天、日照少,连作,植株长势弱时,发病重。

【综合防治措施】

(1)采种和种子消毒处理　选择无病的地块留种,田间要选无病株采种,以利于收获无病的种子。引种时,要从无病区引种。在原来无黑星病的地区,该病的发生和传播主要是通过种子带菌引起的,因此,必须对种子进行严格控制。为避免种子带菌而发病,播种前要进行种子消毒,可用 55℃ 温水浸种 15 分钟,杀死种子上的病菌。或用 50% 多菌灵 500 倍液浸种 30 分钟进行消毒。直播时,可用相当于种子量 0.3% 的 50% 多菌灵拌种。

(2)栽培措施 培育壮苗,提高幼苗的抗病性。对已发病的地块,一定要进行轮作换茬;特别是保护设施内要控制环境条件,使温湿度不利于黑星病的发生,主要是防止低温高湿,白天温度控制在 28℃～30℃,夜间控制在 15℃,夜间空气相对湿度保持在 90% 以下,白天空气相对湿度在 60%。控制空气湿度,除了加强通风管理、注意排湿外,还要控制灌水。在黄瓜结瓜初期控制灌水十分重要,有条件的可采用地膜覆盖和滴灌技术,或采用灌暗水的方法。及时进行植株调整,适时绑蔓,去除底部的老叶和病叶,改善田间通风透光。

(3)药剂防治 育苗前,可用 25% 多菌灵对床土进行消毒,然后播种;定植前,可用硫黄粉掺锯末熏蒸设施内的农具和架材等进行消毒。发病初期,可选用 50% 多菌灵 800 倍液加 70% 代森锰锌 800 倍液,2% 武夷菌素 150 倍液,50% 多菌灵 600 倍液,50% 扑海因 1 000 倍液,75% 百菌清 700 倍液,50% 苯菌特 1 500 倍液,70% 代森锰锌 500 倍液,80% 敌菌丹 500 倍液进行喷洒。可每 5～7 天喷 1 次,连喷 3～4 次。设施内还可用百菌清粉剂或杀霉灵粉剂喷撒。

10. 灰 霉 病

【症 状】 该病主要危害果实。被害的果实多从开败的花上开始腐烂,并长出淡灰褐色霉层,而后向幼果上蔓延,先在瓜尖,再向上部扩展,使幼果变软、腐烂。被害果实轻者生长停止,果尖腐烂,严重的整果腐烂。叶片上发病,大多以落在叶片上的病花为中心扩展,形成大型近圆形病斑,表面着生少量灰色霉层。烂花烂果脱落附着在茎蔓上,可引起茎蔓变褐色而后腐烂。黄瓜灰霉病在我国各地均有发生。

【发病条件和规律】 灰霉病是由葡萄孢菌引起的真菌性病害。灰霉病菌喜欢较低的温度和较高的湿度,发病适温为20℃左右;空气相对湿度在90%以上,易发病。当气温高于30℃,低于4℃,空气相对湿度在90%以下时不易发病。北方等地春季阴雨天多,气温偏低时易发病。南方3月中旬以后,当气温在10℃～15℃和多雨时病害发展迅速。病菌最易从植株的伤口、萎蔫的花瓣、衰弱和枯死的组织侵入。病菌在病残体上于土壤中越冬,翌年可随气流、水溅和田间农事操作传播蔓延。

【综合防治措施】

(1)栽培措施和保护地内环境控制 设施内注意通风排湿,使空气相对湿度在85%以下,白天温度控制在26℃～30℃,以减少病害的发生。采用高畦地膜覆盖栽培,灌暗水,有条件的可采用滴灌,避免漫灌,防止田间湿度过大。必要时,设施内温度可提高为33℃,以抑制病菌繁殖。日常管理中及时摘除病叶、病花、病果和黄叶,并清理干净,予以深埋或烧掉。换茬时彻底清除田间病残体。

(2)药剂防治 可选用多菌灵、代森锌、百菌清、甲基托布津、扑海因、抗霉威、福美双、速克灵等农药喷雾防治。也可用百菌清烟剂、速克灵烟剂熏烟防治。还可用杀霉灵粉剂、灭克粉剂、百菌清粉剂等喷粉防治。

（二）主要虫害防治

1. 白粉虱

白粉虱又名小白蛾。白粉虱在全国各地均有发生,特别是在保护地较多的地区可终年为害。该虫为害时,主要群集在叶片的背面,以刺吸式口器吸吮黄瓜的汁液,被害叶片褪绿、变黄,植株长势衰弱、萎蔫,成虫和若虫分泌的蜜露堆积在叶片和果实上,易发生煤污病,影响光合作用,降低果实的商品性。白粉虱的各种虫态均可在温室黄瓜上越冬或继续为害。成虫常雌雄成双并排栖于叶背,成虫羽化后 24 个小时就可交配,交配后 1～3 天即可产卵,平均每头雌虫产卵 142.5 粒。还可进行孤雌生殖,后代均是雄虫。成虫具有趋黄、趋嫩、趋光性,并喜食黄瓜植株的幼嫩部分。可利用这些特性诱杀白粉虱成虫。虫态在植株上分布从上向下为成虫、卵、若虫、蛹。白粉虱成虫活动最适温度 22℃～30℃,繁殖适温 18℃～21℃。在温室、大棚等设施内完成 1 代需约 1 个月,1 年可繁殖 10 代左右。白粉虱还可传播病毒病。

防治方法:

(1)生物防治　在温室和大棚等保护设施内,可人工释放丽蚜小蜂、中华草蛉、赤座霉菌等天敌防治白粉虱。

(2)物理防治　利用白粉虱的趋黄性,可在黄瓜地设置 1 米×0.1 米的橙黄色板,在板上涂上 10 号机油(加入少量黄油),每 667 平方米设 30～40 块诱杀成虫效果较好。黄板设置高度与植株高度相平。隔 7～10 天再涂 1 次机油。

(3)药剂喷雾防治　可选用 25%扑虱灵 2 500 倍液,25%灭螨锰 1 200 倍液,10%联苯菊酯(天王星)、2.5%溴氰菊酯(敌杀死)3 000 倍液,20%氰戊菊酯(速灭杀丁)2 000 倍液,三氟氯氰菊酯(功夫)3 000 倍液喷洒,每周喷 1 次,连喷 3～4次。不同药剂应交替使用,以防止害虫产生抗药性。喷药要在早晨或傍晚时进行,因为此时白粉虱的迁飞能力较差。喷时要先喷叶正面,再喷叶背面,使掠飞的白粉虱落到叶表面时也能触到药液而死亡。

(4)熏烟防治　在保护地中采用熏烟法省工省力,效果更好,是值得推广的新技术。傍晚密闭温室或大棚,而后每 667平方米用 80%敌敌畏乳油 250 克掺锯末 2 千克熏烟,或用1%溴氰菊酯、2.5%氰戊菊酯油剂用背负式机动发烟剂施放烟剂,或用 20%灭蚜烟剂熏烟,防治效果较好。

2. 蚜　虫

蚜虫又称腻虫,是黄瓜生产中经常发生的害虫。其为害时常群集在叶片背面和嫩茎上,刺吸黄瓜汁液,造成植株营养不良。幼苗叶被害时常卷曲皱缩,受害轻时,产生褪绿斑点,叶片发黄,受害严重的,叶片卷缩变形枯萎。蚜虫为害时排出大量的蜜露污染叶片和果实,引起煤污病菌寄生,影响光合作用。蚜虫还可传播病毒病。

瓜蚜繁殖力强,每年发生 20～30 代。只要条件适宜,瓜蚜在全国各地可周年繁殖和为害。温室等保护设施内冬季也可繁殖和为害。蚜虫还可产生有翅蚜,在不同作物、不同设施间和地区间迁飞,传播快。瓜蚜繁殖的最适温为 16℃～22℃,25℃以上抑制发育;空气相对湿度高于 75%时,不利于瓜蚜繁殖。所以,在较干燥季节,该虫为害更重。北方等地常在春秋两季各有一个发生危害高峰。蚜虫对黄色、橙色有很强的趋向性,其次是绿色。银灰色有避蚜虫的作用。

防治方法:

(1)物理和生物防治　利用黄板诱杀,其方法与白粉虱相同。用银灰色薄膜进行地面覆盖或在大棚、温室等田间悬挂银灰色薄膜条,可起到避蚜虫的作用。也可用微生物农药 Bt 乳剂喷洒防治。

（2）药剂喷雾防治　选用 50％辟蚜雾 2 500 倍液,抗蚜威600 倍液,康福多等进行防治。前述防治白粉虱的农药也适用于防治蚜虫,其使用方法相同。

（3）熏烟防治　其施用方法同白粉虱。

3. 茶黄螨

茶黄螨以成虫和幼螨集中在黄瓜植物幼嫩的部位刺吸汁液,造成植株畸形和生长缓慢。黄瓜受害后,上部叶片变小变硬,叶背变黄褐色,有油质状光泽,叶缘向下卷曲,生长点枯死,不发新叶。茶黄螨繁殖速度很快,在 28℃～32℃条件下4～5 天就可繁殖 1 代,而在 18℃～20℃下也只需 7～10 天。华北地区大棚内一般在 5 月中下旬开始发生,6 月中旬至 9月中下旬为盛发期,露地为害高峰期在 8～9 月,秋黄瓜较易受害。冬季主要在温室内越冬,少数雌成虫可在冬季作物或杂草根部越冬。

茶黄螨靠爬行传播蔓延,还可借助人为携带或气流传播。茶黄螨生长繁殖的最适温度为 16℃～23℃,最适空气湿度为80％～90％.温暖多湿的条件有利于茶黄螨发生蔓延,所以常在夏季发生较重。

防治方法:在茶黄螨发生初期要及时进行药剂防治,可选用 73％克螨特 1 000 倍液,25％灭螨锰 1 200 倍液,20％复方浏阳霉素 1 000 倍液喷洒。每隔 7～10 天喷 1 次,连续喷洒 3次左右。喷药的重点是植株上部,尤其是幼嫩的叶背和嫩茎,对田间发病重的点或株加大喷药量。

4. 红蜘蛛

红蜘蛛以成螨和若螨为害黄瓜。黄瓜叶片受害后形成枯黄色至红色细斑,严重时全株叶片干枯,植株早衰落叶,结瓜期缩短,严重影响产量和品质。一般先为害植株下部叶片,然后逐渐向上蔓延。

红蜘蛛每年发生10～20代,北方地区以雌螨在土缝中越冬,温室中可长期取食活动和繁殖。红蜘蛛每个雌螨可产卵50～110粒,卵多产在叶片背面。温度在10℃以上即可繁殖,而卵期随温度的升高而缩短,15℃时卵期为13天,20℃时为6天,24℃时为3～4天,29℃时只需2～3天。红蜘蛛为孤雌生殖。最适生育温度是25℃～30℃,最低温度为7.7℃,相对湿度超过70%时不利于繁殖。所以,常在高温干旱时发生严重。为害时愈老的叶片含螨量越多。

防治方法:栽培时要合理灌水,避免土壤过干。药剂防治可参考茶黄螨的防治方法。

5. 黄守瓜

黄守瓜也称守瓜、瓜叶虫、黄萤。幼虫咬食叶片或钻入髓部及地面茎内,使植株生长不良、黄萎甚至死亡。黄守瓜还能蛀食幼果,严重影响瓜的品质。成虫能取食叶片、花和果实,咬成许多圆形或半圆形缺刻,甚至把瓜苗幼叶全部吃光。成虫主要在白天活动。

防治方法:在成虫为害时,用纱布袋或喷粉器装红薯粉均匀地拍打或喷撒在瓜叶上。由于黄守瓜成虫对甜味有趋性,吃红薯粉后吸水膨胀,堵塞消化道而死亡。此法连续使用2～3次,效果可达100%。是一种成本低而有效的方法。也可用90%敌百虫1 000倍液喷洒瓜苗,在早晨喷药效果较好。如果该虫为害黄瓜的根系,可用敌百虫、辛硫磷等灌根防治。

6. 蛴螬和蝼蛄

蛴螬是金龟子的幼虫,主要在未腐熟的粪肥中活动,特别是在生鸡粪肥中数量更多。蛴螬是多食性害虫,能为害多种蔬菜的幼苗。幼虫主要取食幼苗的地下部分,直接咬断根、茎,使全株死亡。

蝼蛄有非洲蝼蛄和华北蝼蛄两种。我国北方主要是华北蝼蛄,南方非洲蝼蛄为害较多。该虫为害时,以成虫和若虫在土壤中咬食刚播下的种芽,或将幼苗咬断,受害的根部呈现麻状。蝼蛄在地下活动时将表土穿成许多隧道,易使幼苗与土壤分离,使幼苗失水而干枯致死。两种蝼蛄都有趋光性,对半熟的谷子、炒香的豆饼、麦麸及马粪等有趋性。可利用这些特性诱杀蝼蛄。蝼蛄昼伏夜出,以午夜前几个小时活动最盛,夜间气温低于 15℃ 时白天活动。灌水后该虫活动最盛。气温为 12℃～20℃,20 厘米深土层温度在 15℃～20℃,土壤含水量 20% 以上,是蝼蛄活动的适宜温湿度。低于 15℃、土壤干燥时,不利于蝼蛄的活动。一般黏重土壤发生少,而在砂壤土中为害重。

防治蛴螬,要施用充分腐熟的有机肥,不施生粪。在农家肥中还可喷施辛硫磷(1 立方米农家肥用 50% 辛硫磷 50 毫升对水 100 倍)等杀虫农药。在育苗畦中发现有幼虫为害时,可用 90% 敌百虫 800～1 000 倍液或 50% 辛硫磷 1 000 倍液灌根。防治蝼蛄,可用 90% 敌百虫 150 克对水 90 倍拌煮成半熟的秕谷 5 千克,或对水 30 倍拌炒香的麦麸 5 千克,将毒饵撒在蝼蛄活动的隧道处,或隔 3～4 米挖一小坑,并埋入少量毒饵,每 667 平方米用毒饵 2 千克左右。也可用辛硫磷溶液等灌根。

第三章　冬瓜制种技术

冬瓜喜高温、耐湿，适应性强，产量高，耐贮藏。我国南北地区均普遍栽培，是盛暑季节的重要蔬菜。冬瓜除了做菜用之外，还可以加工制成冬瓜果脯，深受群众欢迎，还能入药，有祛湿、利尿、止渴的功效。

冬瓜又名东瓜、白瓜、白冬瓜、枕瓜、水芝、地芝。属于葫芦科冬瓜属的1年生蔓性植物。冬瓜原产于我国南方、印度东部等热带地区。我国的广东、广西、湖南和长江流域栽培较多。近年来，我国北方地区冬瓜栽培也逐渐增多，对淡季的供应具有重要的作用。各地通过长期的栽培驯化和品种选育，使冬瓜的品种不断更新，适应性更强，栽培更为广泛。

一、与制种有关的生物学基础

（一）植物学特征

1. 根　冬瓜属于深根性植物，主根深入土层 1～1.5 米，但育苗移栽后，主根常被切断，影响入土深度，主要分布在耕作层 15～25 厘米的范围内。在土壤较疏松，有机肥较多而潮湿的地方，根群分布比较密集；在干旱而瘠薄的硬土中，根群分布少。大型冬瓜品种的根群比小型品种分布广，入土深，吸收力强。冬瓜茎节处易产生不定根，在高产栽培时，可通过培土或压蔓等方法，促使不定根发生，增强吸收能力，扩大吸收面积。

2. 茎 冬瓜为1年生蔓性草本植物。茎可无限生长,攀缘性强,茎为五角棱形,绿色,中空,表面密被茸毛,粗度为0.8～1.2厘米。茎的分枝能力强,茎上有节,节上可长叶和卷须等。初生茎节只有1个腋芽,抽蔓开始后每个叶节都潜伏着侧芽、花芽和卷须。在一定的条件下,侧芽可萌发成新的侧蔓,花芽可开花或结果,卷须伸长起攀缘作用。茎的长度因品种特性、生长期长短、土壤、肥水条件等的不同以及整枝与否而有很大的差异,一般栽培冬瓜都采用整枝摘心技术,人工控制其生长,促进开花结果,茎的长度控制在3～5米。在栽培管理上,对大果型品种只留1条主蔓,彻底摘除侧蔓,并留20～30片叶摘心,以减少营养消耗,保证光合作用能力,促进果实的发育长大。对小果型早熟品种,一般在主蔓基部选留2～3条强壮的侧枝,以增加单株的坐果数,其他侧枝全部摘掉,每一侧枝留10～15片叶摘心以集中营养长大瓜,提高产量。

3. 叶 冬瓜的叶为单叶互生,无托叶。叶色浅绿或深绿,叶缘为齿状,叶脉网状,背部突起明显,叶片正反面和叶柄上被满茸毛,有减少水分蒸腾的作用。冬瓜的初生基叶为宽卵圆形或近似肾脏形,棱角不明显,叶基为心脏形,随着茎蔓的生长,叶形发生变化,叶片边缘裂刻加深,由浅裂变为深裂,成为七裂掌状叶。叶片的分化和叶面积的扩大,与环境温度密切相关。一般温度越高分化越快,叶面积也越大,正在成长的健壮植株,1天就可分化出1片小叶,3天就能发育成1片功能叶,具有旺盛的光合作用能力。

4. 花 冬瓜的花多数为单性花,异花同株。部分品种为两性花,也有少数品种为雌雄同株同花。如北京的一串铃冬瓜,花上雌蕊与雄蕊都有授粉受精能力。一般先发生雄花,后发生雌花,雌雄花开放的时间均在每天上午露水干后,晴天在

7～9时,如遇阴雨天,湿度大或温度低则延迟到10时以后开放。开花期较短,一般24个小时后花冠自然凋谢,柱头变褐,逐步失去授粉能力。在花药开放前1天,花粉粒就已有发芽的能力,可以进行授粉受精,受精能力最强时期,是雌花盛开时。人工授粉应在此时进行。一般雄花分化较早。着生在植株的节位较低。雌花则分化较晚。早熟品种第一雌花多出现在第四、第五节,中熟品种多出现在第九至第十二节,晚熟品种多出现在第十五至第二十五节,以后每间隔2～4节再着生第二、第三朵雌花。早、中熟品种雌花易连续着生,可有4～5朵连续着生,而晚熟品种仅有1～2朵雌花连续着生。雌花子房下位,子房的形状因品种不同而不同,有长椭圆形、短椭圆形、扁圆形、圆形、柱形等,一般为绿色,密被茸毛。子房的形态特征是冬瓜品种分类的重要依据。雌花柄比雄花柄短而粗,上被密茸毛,随着果实的长大成熟而脱落。

5. 果实 冬瓜的果实为瓠果,是由下位子房发育而成的,内有3个心室,胎座3个,肉质为食用部分,肉质外皮为果皮,是由子房壁发育而成的。皮层细胞组织紧密,外层有角质层,质地坚硬,有的表皮下还有一层含叶绿素的细胞组织,叶绿素含量高,果实呈现深绿色;叶绿素含量少,则果皮呈现浅绿色或黄绿色。有的表皮分泌出一层白色结晶蜡粉层,形成了冬瓜青皮种与粉皮种两大类型。冬瓜果实的大小和形状因品种不同而有很大差异。如一串铃冬瓜每个仅重1～2千克,青皮冬瓜每个可重达40～50千克。形状大体可分为近圆形、短扁圆形、长扁圆形、短圆柱形和长圆柱形。冬瓜嫩果或成熟果均可食用,嫩果不宜贮藏,也不能采种,以充分成熟的果实最耐贮藏、运输,采种质量也好。

6. 种子 冬瓜种子种皮比较坚硬,种子内无胚乳,子叶内含脂肪、瓜氨酸、皂苷等物质，是造成水分和氧气难以透过、浸种时间长、发芽困难的原因。所以，在浸种催芽时必须注意采取相应的措施。冬瓜种子外形为近卵圆形或长圆形、扁平，一头稍尖一头稍圆，尖端一头有两个小突起，小的为种脐，较大的突起为株孔，是水和气体进出的通道。种皮黄白色或灰白色，一般边缘光滑，少量有裂纹。有的种子边缘有一环形脊带，称为"双边冬瓜籽"，无脊带者称为"单边冬瓜籽"。双边种子较轻，单边种子较重。一般冬瓜种子千粒重为50～100克。发芽年限3～5年，生产中以1～2年种子为好，3年后发芽率降低较快。

（二）生长发育规律

冬瓜的生长过程可分为发芽期、幼苗期、抽蔓期和开花结果期。

1. 发芽期 从种子开始发芽至2片子叶展开为发芽期。这一时期生产管理的主要目标是使冬瓜种子迅速发芽出土，达到苗齐苗壮。这个阶段生长所需的营养完全由种子的子叶中原来贮藏的物质经过水解后供给。

2. 幼苗期 从第一片真叶出现至出现5～7片真叶为幼苗期。这阶段需30～50天，如果是温床育苗约需30天，冷床育苗约需50天。这一时期生产管理的主要目标是培育壮苗。本期除营养生长、根系生长外，早熟品种还进行花芽分化，所以幼苗期的生长状况对冬瓜整个生长均有影响。如北京一串铃早熟冬瓜、车头冬瓜，在3～5片叶节时就开始连续分化雄花、雌花；而有些晚熟大型冬瓜品种，如粉皮冬瓜、头冬瓜等，花芽分化较晚，要在定植后长到15～25叶节时才开始分化第一雌花。雌花分化时，如环境条件不宜，遇到阴雨天，光照弱，日照时间短,叶变黄绿,上胚轴变细长,植株瘦弱,则雌花分化推迟,着生节位升高,即使已分化成的雌花,质量也差,花器弱小,花数减少,严重影响产量。所以,在育苗管理上必须保持较好的土壤、营养、温度、湿度等环境条件,同时加强通风透光管理,增加光照强度和延长光照时间,以提高其光合效率。

3. 抽蔓期 从 6～8 片真叶至雌花现蕾为止为抽蔓期。冬瓜的抽蔓期较长,需 10～40 天。抽蔓期的长短因品种不同差异很大,早熟品种现蕾节位低,只有很短的抽蔓期,晚熟品种雌花出现晚,抽蔓期长。6 片叶左右开始抽出卷须,有的出现雄花,叶片分化加速,叶面积迅速扩大,茎蔓节间进一步加快伸长。植株因不能承受过重叶片的负担而倒伏,由直立生长变为匍匐生长,所以称为抽蔓期。这一时期根系吸收的营养元素以氮肥为最多,如果氮素不能满足需要,则植株表现瘦弱,叶面积小,叶质薄,叶色黄绿,光合作用效率低,积累养分少,妨碍雌花的分化和现蕾。即使已形成的小果,也会黄化脱落。所以在栽培管理上应注意调节好生殖生长与营养生长的矛盾。

4. 开花结果期 从冬瓜植株雌花现蕾到果实成熟为开花结果期。此期是植株茎叶生长达到最旺盛的时期,叶片光合作用能力也达到最高峰。这个时期植株生长的重点是连续开花坐果和果实的发育长大,即生殖生长占优势,需要吸收大量的磷、钾肥。冬瓜的主蔓、侧蔓均能开花结果,一般侧蔓在第一、第二叶节即可出现雌花,以后每隔 5～7 节再发生雌花,或连续两节发生雌花。主蔓上一般先分化发育雄花,然后再分化发育雌花。如果到第四十五叶节摘心,则可发生 6～7 朵雌花,如果不摘心,则雌花更多。所以,在环境适宜的情况下,冬瓜的高产潜力很大。但在实际生产中受栽培条件和环境等诸多因素的影响,每株留瓜数是有限的。如早熟小果型冬瓜可留 3~6 个,晚熟大果型冬瓜可留 1~2 个(老熟)。如果收获大型嫩冬瓜,也可保留 2~4 个。

(三) 对环境条件的要求

1. 温度　冬瓜耐热性强,怕寒冷,不耐霜冻。生长发育的适温为 25℃~30℃,成株可忍耐 40℃左右的高温;在高湿的环境下,短时间内可安全度过 50℃的高温。成株对低温的忍耐能力较差,其临界温度为 15℃,长期低于 15℃,则叶绿素形成受阻,同化作用能力降低,影响开花授粉,不易坐果或果实发育缓慢。如再遇上光照弱,则出现黄萎化瓜,甚至植株枯死。幼苗忍耐低温的能力较强,早春经过低温锻炼的幼苗,可忍耐短时间的 3℃~5℃低温。冬瓜果实对烈日高温的适应能力因品种不同而异,一般晚熟、有白蜡粉的大型品种,适应能力较强,无蜡粉的青皮冬瓜适应能力较弱。植株不同生育期对环境温度的要求不同,种子发芽期适温为 30℃~35℃,25℃时发芽时间延长,且发芽不整齐。幼苗期以 25℃~28℃为宜。长期低于 25℃,则幼苗生长缓慢,叶色黄绿;长期高于 28℃,则叶色黄绿,叶肉薄,上胚轴伸展过长,茎秆纤细,表现徒长,抗性减弱,易感染病害。在茎叶生长和开花结果期,以 25℃~30℃为宜。如长期高于适温范围,容易引起植株早衰,萌发侧枝,抗性减弱,易发生病毒病和蚜虫为害。

2. 光照　冬瓜属于短日照植物,但冬瓜对光照长短的适应性较广,对日照要求不太严格,在其他环境条件适宜时,一年四季都可以开花结果,特别是小果型的早熟品种,在光照条件很差的保护地栽培,也能正常开花结果。冬瓜在正常的栽培条件下,每天有 10~12 个小时的光照才能满足需要。植株旺盛生长和开花结果时,要求每天 12~14 个小时的光照和 25℃的温度,其光合作用效率才能达到最高。光照弱,光照时数少,特别是连续阴雨低温天气,对冬瓜茎叶生长和开花结果都很不利,常造成茎蔓变细,叶色变黄绿,叶肉薄,果实增长缓慢,容易感染病害,影响产量和质量。在日照过多的条件下,果实又容易发生日烧病和生理障碍,从而影响产品质量。幼苗在低温短日照条件下,可使雌花和雄花发生的节位降低。早熟栽培时,可利用冬瓜的这个特性,促进早开雌花。

3. **水分** 冬瓜是喜水、怕涝、耐旱的蔬菜,其果实膨大期需消耗大量水分。冬瓜的根系发达,吸收能力很强,根际周围和土壤深层的水分均能吸收,所以具有较强的耐旱能力。冬瓜植株根深叶茂,根系代谢旺盛,需氧量大,所以忌土壤积水而缺氧。如果田间积水 4 个小时以上,就可能发生植株死亡现象。栽培中应选择地势高燥、旱能浇涝能排、雨后不积水的地块种植冬瓜。冬瓜要求适宜的土壤湿度为 60%~80%,适宜的空气相对湿度为 50%~60%。不同的生育时期,需水量有所不同,一般植株生长量大时,需水量更大,特别是在定果以后,果实不断增大增重,需水量最多。当空气湿度过低时,易遭受蚜虫和病毒病危害。但在植株开花结果时,空气相对湿度偏低(50%~60%)有利于花药开裂和授粉,也有利于坐果。

4. **土壤与营养** 冬瓜对土壤要求不太严格,适应性广,但又喜肥。冬瓜在沙土、壤土、黏土和稻田土中均能生长,但以肥沃疏松、透水透气性良好的砂壤土生长最理想。冬瓜有一定的耐酸耐碱能力,适宜的 pH 值为 5.5~7.6。冬瓜植株对氮、磷、钾元素的要求比较严格,每生产 1 000 千克果实,需氮(N) 1.3~2.8 千克,磷(P_2O_5)0.6~1.2 千克,钾(KO_2)1.5~3 千克,三者之比约为 1∶0.4∶1.1。

(四)花器构造与开花结果习性

冬瓜花器构造与黄瓜相同。冬瓜一般为雌雄异花。花芽分化时,主蔓上先发育雄花,然后发育雌花。雌花的分化发育迟早因品种而异,早熟品种在主蔓第十节内分化雌花,最早熟的一串铃冬瓜,在主蔓第三、第四节便分化雌花,且第一雌花后多数连续发生。晚熟品种在主蔓第十节后才分化第一雌花,以后每隔5～7节分化1朵雌花,也有连续分化两朵雌花的,如广东青皮冬瓜主蔓一般在15～19节分化第一雌花,第二雌花在20～24节,第三雌花在24～28节,第四雌花在26～31节,第五雌花在30～36节分化第一雌花。主蔓在第四十节前一般可分化4～8朵雌花。

冬瓜的雌花和雄花,一般在晚上10时左右开始开放,翌日晨7时盛开,两天以后花瓣凋谢。开花后,小型冬瓜至生理成熟约需35天,大型冬瓜则需40～50天。人工辅助授粉对提高坐果和产量效果极为明显。据报道,人工辅助授粉坐果率为91%,而自然授粉坐果率为62%。人工辅助授粉比自然授粉产量增加29.3%,种子产量也相应提高。

二、常规品种的制种技术

冬瓜属葫芦科1年生雌雄异花同株的异花授粉作物,开花时靠蜜蜂、蝴蝶等昆虫传粉授粉,很容易发生品种间杂交。所以,在冬瓜的留种与采种时,必须引起注意。冬瓜留种采种,大都是结合生产田在商品瓜中留种,这样很容易发生种性退化、混杂,降低丰产性和产品品质。因此,必须建立专门隔离的分级采种田,严格冬瓜采种技术。

(一)纯化冬瓜原种

原种采种的纯度直接影响良种田生产用种的质量。因此，采种时必须把好原种这一关。作为一般的原种，可在大面积冬瓜生产田中，根据品种的特征特性，从植株和果实两个方面，严格选择具有品种特性、特征的单瓜作为第二年良种田的原种。原种田必须与其他冬瓜和节瓜品种隔离1500米以上。

(二)加强原种田管理

1. 建立隔离采种田 由于冬瓜是雌雄同株异花，花器大，靠昆虫传粉，不同品种的冬瓜容易杂交。因此，作为冬瓜采种的专门栽培区，与其他冬瓜品种(包括节瓜)须有1000米以上的隔离距离。在有森林、大楼、山头间隔的地方，可适当缩短距离。

2. 良种田选择 冬瓜喜高温湿润，因此，在夏季炎热地区都能种冬瓜。冬瓜生长季越长，产量越高，南方各地的冬瓜，无论是单果重或是单位面积产量均比北方高，种子产量也比北方高。因此，从地区来说，南方采种比北方有利。另外，由于冬瓜的生长处在盛夏高温多雨季节，因此，必须选择容易排水的田块，以避免其受涝而死秧和烂瓜。

3. 把好种子、植株、果实的选择与淘汰关 播种前对种子进行精选，取饱满、粒大、具有品种特征的种子，严格淘汰秕籽、带病籽、虫蛀籽。在冬瓜苗期，注意淘汰弱苗、黄化苗、子叶不正苗。在植株生长结果期，选择发育健壮，节间适度，分枝少，无病，雌花多，坐果好，节位适宜的植株做种株。在果实发育和成熟期，选择发育快，果形正，果色、果形均匀，具有该品种特性，果肉厚，品质优的果实做种瓜。在嫩瓜阶段，要根据植株和瓜的形态,进行严格挑选,摘除不符合品种特征特性的瓜上市,或做记号,待老熟后淘汰。待种瓜老熟时,再次挑选,淘汰劣果、杂果。

4. 人工辅助授粉 人工辅助授粉能提高坐果率和种子产量。授粉的最佳时间是开花当天 5～8 时,此时雌雄花都刚开放,雄花的花粉最多,授粉效果最好;9 时以后,花粉容易散落。授粉时将刚开放的雄花摘下,剥去花瓣,将雄蕊花药与雌蕊柱头接触,使花粉涂满柱头即可。

5. 加强种瓜生长发育期管理 供采种的冬瓜栽培行距要比生产田适当加大,以利于通风透光,提高光合效率,为种子提供足够的有机养分。要多追施磷、钾肥。及时喷药防治病虫害,以提高种子的数量和质量。

6. 留果 冬瓜除了早熟品种以外,食用的都是老熟瓜,所以对采种田的管理和生产田的管理要求基本一致。无论早熟品种或是中、晚熟品种,种瓜都留在主蔓上,而且第二、第三朵雌花比第一朵雌花留的果大,种子也较多。早熟品种在第九至第十二节留种瓜,中熟品种在第二十五至第三十节,晚熟品种在第三十至第四十节。中、晚熟品种每株只留 1 个种瓜,早熟品种可以留 2～3 个,植株生长势强的可以多留。

7. 种瓜充分成熟后再采收 冬瓜自开花授粉到果实生理成熟,早熟品种需要 40～50 天,晚熟品种需要 60～80 天。种瓜在采收前 10 天左右停止浇水和施肥,以减少果肉组织含水量,以提高耐贮性。

种瓜虽在田间已充分成熟,采收后还应贮藏 10～20 天。在采收后的后熟过程中,果实内的有机养分继续向种子转移,使种瓜更充实、饱满,从而增强种子活力,提高发芽力。种瓜不宜在雨后或在烈日下采收,一般在晴天上午采收为好。在采摘、贮运等过程中,要轻拿轻放,避免受压造成损伤,以提高耐贮性,减少损失。

8. 冬瓜种子的采收和保存 种瓜经过充分后熟后,便可纵向切开,用手掏出内部的种子和瓜瓤,放在干净的瓦盆里,无须发酵,可直接用清水漂洗,去掉种子上的污物、秕籽和瓜瓤。洗净后沥干,用毛巾拭去种子表面的水,及时晒干,以免发臭霉烂。暴晒过程中要经常翻动,晒至七八成干时置于通风处阴干。阴干的种子要及时装袋,密封保存。袋上标明品种名称、采收日期、数量等,贮存在低温、干燥的环境中,避免与其他品种种子混杂,严防鼠咬和虫蛀。

9. 湿籽贮藏 冬瓜种子种皮厚而坚硬,不易吸水和发芽,是蔬菜中最难发芽的种子。播种前通常需要进行烫种、浸种、催芽,即使如此,还往往出芽不齐。民间有贮藏湿籽,无须浸种催芽即可直接播种的经验,其具体方法如下:先备好一个坛子,其大小可视种子量而定,最好坛子底部有缝隙能够渗水。将从老熟冬瓜中掏出的种子和瓜瓤一起装入坛后放在坑内。坛口用砖压住,口低于地面 20 厘米左右。种子在坛内存放半年后,待翌年春天播种前取出,种皮为橙黄色,色泽鲜艳,用水清洗后直接进行催芽,也可不经水洗直接播种。该贮藏方法须注意的事项:①贮藏的种子切忌用水洗,因为瓜瓤中含有一种能够抑制种子萌发的物质,如果将种子洗净,种子在坛内贮藏期间会萌发。②埋坛的地点应选择在阴凉处,并须注意防雨防冻。③贮藏期间不必开坛检查,种子取出后也不可久放,取出后应在 3~5 天内播完,时间过长会风干而失去发芽力。

三、一代杂种制种技术

冬瓜的一代杂种增产效果十分显著,一般不仅能提高20%左右的产量,而且容易制种,用种量也少。因此,推广利用冬瓜一代杂种有许多有利条件。

冬瓜一代杂种制种也要经过原始材料筛选,选纯优良自交系,确定杂交组合,生产杂种种子4个程序。优良杂交组合确定后,父母本大约按1∶6的比例栽培。早熟小架冬瓜可隔行栽种,大型冬瓜或棚架冬瓜可以分田块栽种。为了增加雄花数量,父本还要提前7~10天播种。授粉时将雌、雄花用发卡卡住,或用5安培保险丝捆住,授粉后雌花仍需卡住。选主蔓第二至第三朵雌花授粉,第一朵雌花应及时摘除。在授过粉的雌花花柄处挂牌或捆细绳做记号。每株留果数,小型果2~3个,大型果1个。制种田的栽培管理同一般生产田。

冬瓜病虫害防治方法基本与黄瓜相同。

四、节瓜制种技术

节瓜又称毛瓜。节瓜是冬瓜的变种。节瓜在我国广东、广西等省、自治区已有200多年的栽培历史。近年来,北京、福建、上海、江苏、四川等省、市也有少量栽培。由于节瓜较耐热,产量也较高,嫩瓜和老熟瓜均可食用,而且老瓜耐贮藏,因此,成为华南地区夏淡季不可缺少的蔬菜品种。

(一)与制种有关的生物学基础

1. 植物学特性 节瓜是1年生植物,根系较发达,但比冬瓜弱。茎蔓生,节间长 10~20 厘米。果实纵径 15~25 厘米,横径 6~8 厘米,绿色,被茸毛。易发生侧枝。抽蔓后,每节均有卷须,卷须分歧。以后又有花芽,分化雄花或雌花。叶为掌状,5~7 裂,一般长 20 厘米左右,宽 20~25 厘米,叶缘有锯齿,叶面浓绿色,叶背绿色;叶柄圆,长 10~15 厘米,叶片和叶柄上均被有茸毛。

花为雌雄同株异花,单生,花瓣黄色,5 片。雄花有 3 个雄蕊,雌花 1 个雌蕊,柱头瓣状,三裂,子房下位,椭圆形,被有茸毛。一般采收嫩果食用,嫩果短或长椭圆形,绿色,果面具数条浅纵沟或星状绿白点,被茸毛,一般果重 250~500 克。生理成熟果实,被有蜡粉或无,成熟果重约 5 千克。节瓜的种子近椭圆形,扁;种孔一端稍尖,淡黄白色,具突起环状。每果含种子500~800 粒。千粒重 40~45 克。

2. 生长发育规律

(1)发芽期 从种子发芽至子叶充分展开为发芽期。一般需 7~10 天。

(2)幼苗期 一般为 25 天左右。温度在 20℃左右和良好的光照条件下,幼苗生长健壮。如果温度超过 25℃,虽然生长迅速,但幼苗较纤弱,如果湿度大或干湿不均,则易发生猝倒病或疫病等。

(3)抽蔓期 一般为 10 天左右。进入抽蔓期后,植株开始加速生长,以一定的营养生长为基础,并逐渐转入生殖生长。此期应适当供应一定的肥水。

(4)开花结果期 一般为 45~60 天。此期营养生长与生殖生长同时进行。一般主蔓从第三至第五节开始发生雄花。数节雄花后发生第一雌花。第一雌花的节位因品种与环境不同而不同。多数在第五至第十五节范围内。一般品种隔 5~7 节发生 1～2 个雌花,主蔓第五十节以前一般发生 5～7 个雌花。侧蔓雌花发生较早,常在第一至第二节就发生,以后雌、雄花的发生情况与主蔓相同。一般以主蔓结瓜为主,且以主蔓第一至第四朵雌花结果为主。节瓜的开花坐果与植株的生长状况密切相关。植株生长良好时,坐果率高;生长势弱,或肥水供应不足时,坐果率低。

3. 对环境条件的要求　节瓜在开花结果期需要有良好的光照,最适的生长适温为 25℃左右,空气相对湿度为 85%以上。如光照不良,经常连阴天或下雨,植株生长弱,容易染病,也不利于昆虫传粉,会导致坐果差,产量低;高温干燥,或温度低于 20℃以下,都不利于坐果和果实的发育。

(二)节瓜制种技术

节瓜的采种技术与冬瓜基本相同。

节瓜大多采用露地栽培采种。如北京市可于 3 月中下旬保护地育苗,4 月下旬至 5 月初定植露地,7～8 月采收;露地直播,可在 4 月中下旬至 5 月上旬进行。长江流域可于 3 月上旬保护地育苗,4 月上旬定植露地;露地直播可于 4 月进行。华南等地栽培较多,可进行春播、夏播和秋播,播期为 1～8 月,收获期为 4～10 月。

采种田要求与冬瓜和节瓜其他品种隔离 1 000 米以上。一般选留主蔓第二至第四朵雌花做种瓜。花期可进行人工辅助授粉。开花至果实生理成熟需 50 天左右,种瓜果皮表面转变成暗绿色,有的品种被覆一层白粉时,即可采收。节瓜的果实自开花到生理成熟需 30～50 天。在营养充分的条件下,可连续开花结果,陆续采收,一般采种瓜只留 2～3 个。种瓜采收后,一般在后熟 15～20 天后剖瓜取种。节瓜每果含种子

500～800粒,千粒重40～45克。

节瓜留种时,对植株和果实要优选。要选择生长健壮的种株,要求无病虫害,主蔓上第一雌花早,雌花多,坐果好,果形正,且具有该品种固有的性状特征。选留种瓜的节位在主蔓中部,即第二至第三朵雌花所结的果实。

第四章　西葫芦制种技术

西葫芦,又称荙瓜、白瓜、番瓜。是葫芦科南瓜属中的一个种,原产于南美洲,又称美洲南瓜。嫩瓜和老瓜均可食用,以食用嫩瓜居多。可炒食或做馅。随着我国保护地生产的迅速发展,西葫芦保护地栽培发展迅速,栽培面积在瓜类中仅次于黄瓜。西葫芦种植技术比较简单,便于运输和贮藏,在我国大部分地区均可种植。其种植面积将不断扩大。

一、与制种有关的生物学基础

(一)植物学特征

西葫芦根系发达,分布范围广,主根深入土中可达 2 米左右。一般经移植的主根长度约 60 厘米,一级、二级侧根大多分布在 30 厘米的土层内。西葫芦的根系生长较快,易木栓化,对养分和水分的吸收能力较强,较耐瘠薄。所以,栽培中要注意保护根系。西葫芦茎有矮生、半蔓生、蔓生 3 种类型。蔓生品种蔓长可达数米,半蔓生品种蔓长为 0.5～0.8 米,矮生类型节间很短,呈丛生状态。大多数品种的主蔓生长势强,侧蔓发生少而弱。叶片为掌状深裂,在矮生品种的茎上叶片密集互生。叶面粗糙而多刺,有的品种叶片绿色深浅不一,近叶脉处有银白色花斑(花叶)。叶柄长而中空。种子为白色或淡黄色,长卵形,种皮光滑,每果有种子 300～400 粒。种子千粒重130～200 克。种子寿命一般为 4～5 年,以用 2～3 年的播种为好。

（二）生长发育规律

西葫芦的生长发育过程可分为发芽期、幼苗期、抽蔓期和开花结果期。从种子萌动至子叶展开为发芽期；第一真叶出现至 4～5 片真叶为幼苗期；6 片真叶后，节间逐渐伸长和变粗，蔓生类型品种由直立生长变为匍匐生长为抽蔓期。矮生类型品种节间短缩，开花早，没有明显的抽蔓期；植株开花到果实成熟为开花结果期。开花结果期因生长环境和栽培管理不同，经历的时间长短也不同，采收嫩瓜，并在保护地中进行连续采收的开花结果期长；采收老熟瓜（也可采种）的结果期短。

西葫芦播种后，在适宜条件下 2 天后胚根即可伸长，幼根生长迅速，3 天后长可达 3 厘米左右，4 天后就可从主根上长出很多侧根；同时子叶从种皮中脱出，下胚轴不断伸长，将子叶带出地面，经 7～8 天完成发芽期。此期主要依靠子叶中贮藏的物质进行生长。子叶展开后进行光合作用，幼苗由异养生长转入自养生长。在子叶伸出地面的过程中，下胚轴较易因温度过高而过度伸长，形成高脚苗（徒长苗），所以管理上应注意适当控制温度和水分。上胚轴的生长比较迟缓，第一节间较短。西葫芦的子叶较大，对植株的生长有较大的影响，当它由于虫害或其他原因受到损伤时，将明显地影响光合作用和其他物质的形成，从而延迟雌花、雄花的开花期，进一步使产量降低。栽培中要注意对子叶的保护和促进它的正常发育。

（三）对环境条件的要求

1. 温度 西葫芦是瓜类蔬菜中较耐寒而不抗高温的蔬菜。生长发育的最适宜温度为 20℃～25℃，15℃以下生长缓慢,8℃以下停止生长,30℃以上生长缓慢且极易发生病毒病,32℃以上花器不能正常发育。种子发芽适温为25℃~30℃,13℃时可以发芽,但很缓慢。30℃~35℃发芽最快,但易徒长。开花结果期适温为22℃~25℃。西葫芦对低温的适应能力强,有些早熟品种耐低温的能力甚至超过黄瓜。根系生长的最低温度为6℃,根毛发生的最低温度为12℃,受精果实在8℃~10℃的夜温下也能正常长大成瓜。

2. 光照 西葫芦对光照长短的适应性较大,但短日照有利于雌花的分化。在短日照条件下,其结瓜期较早;在长日照条件下,有利于其茎叶生长。西葫芦要求光照强度适中,较耐弱光;光照不足时,易徒长,不易坐瓜。有研究表明:在相同的温度条件下,短日照处理的第一雌花节位要比长日照处理的降低1~2节;在相同的短日照条件下,昼温在22℃~24℃、夜温在10℃~13℃时,第一雌花节位要比昼温在26℃~30℃、夜温在20℃下降低9~10节。这说明低温、短日照有利于西葫芦雌花的形成、数量增加和节位的降低。这一特性对春季早熟栽培有利。

3. 湿度 西葫芦喜欢湿润而不耐干旱。如过分干旱,易引起病毒病大量发生。结瓜期土壤应保持湿润,才能获得高产。土壤相对湿度以70%~80%为宜。高温、干旱时,最易发生病毒病;高温、高湿条件下,易发生白粉病。在保护地中种植西葫芦要特别注意控制棚室内的温度和湿度,防止白粉病等病害的发生和蔓延。

4. 土壤和营养 西葫芦对土壤的要求不严格。在沙土、壤土和黏土中均可栽培。但以土层深厚、疏松肥沃的壤土有利于根系的发育,易获高产。沙性土壤,土温回升快,有利于发根缓苗。适宜土壤的pH值为5.5~6.8。西葫芦每生产1 000千克商品瓜,需要氮(N)3.9～5.5千克,磷(P_2O_5)2.1～2.3千克,钾(KO_2)4～7.3千克,三者的比例约为1：0.5：1.2。

(四)花器构造与开花结果习性

西葫芦是雌雄同株异花的蔬菜作物。西葫芦的雌、雄花最初均从叶腋的花原基开始分化,按照萼片、花瓣、雄蕊、心皮的顺序从外向内连续出现。雄花是在形成花蕾时心皮停止发育,而雄蕊发达;雌花则是在形成花蕾时雄蕊停止发育,而心皮发达,并继而形成雌蕊和子房。花单生于叶腋处,花色鲜黄或橙黄。雄花有钟形的花冠,花萼基部形成花被筒,花粉粒大而重,并有黏性,风吹不动,授粉由昆虫完成。雌花为下位子房,雄蕊退化,有一环状蜜腺。雌花开放后,其柱头分泌大量淡红色黏液时为最佳授粉时期,此时授粉坐果率高。

第一雌花着生的节位,不同的品种有所区别:矮生品种第一雌花着生于第四、第五节,半蔓生品种着生于第七、第八节,蔓生品种着生于第十节以上。

西葫芦果实由子房发育而成,其形状有圆筒形、椭圆形和长圆柱形、碟形等多种。嫩瓜与老熟瓜的颜色有所不同:嫩瓜有白色、白绿色、金黄色、深绿色、墨绿色或白绿相间等;老熟瓜皮有白色、乳白色、黄色、橘红色或黄绿相间等。

西葫芦花芽分化的性型受环境影响很大,特别是日照长短和温度高低对其发育有明显的影响。一般在高温和长日照条件下,植株雄花出现得早而多;低温和短日照下,植株的雌花发育早,且雌花节率高。在低温下,虽然雌花在植株上出现的节位比在高温下为低,但生育速度缓慢,在一定时间内,雌花数和果实重量受到限制。

二、常规品种制种技术

西葫芦常规品种的采种过程基本与西葫芦商品生产的相同，一般均在春露地进行。西葫芦采种应注意以下几个要点。

（一）选留原种

在大面积生产田中，选择生长健壮、符合品种特征特性的植株，用人工授粉的方法选留原种。由于西葫芦第一朵雌花结的瓜个小，种子小，而第二至第四个瓜的种子产量高，所以要选择主蔓第二至第三朵雌花留种。雌花开放前一天，将花蕾用发卡卡住花冠，或用5安培保险丝捆住花冠，同时把未开的雄花花蕾也捆住，第二天清晨进行人工授粉。授粉时，将雌花花冠松开，然后将异株上的雄花除去花瓣，雄蕊上的花粉均匀地涂抹于雌花的柱头上，仍将雌花花冠卡住或捆住，防止别的花粉再次传入。在花柄处挂上小塑料牌做记号，2~3天后子房膨大正常，说明授粉成功。待种瓜成熟后，须严格选择符合本品种特征特性的种瓜作为原种采收。

（二）隔　离

由于西葫芦品种之间容易串花杂交，而且其与中国南瓜、印度南瓜等不同品种间也有一定的杂交率，所以要注意采种田的隔离，西葫芦品种间的空间距离不应少于1 000米。

（三）留　瓜

在主蔓上的第一雌花结的瓜一般不做种瓜，开花前即应摘除，把第二雌花以后结的瓜留做种瓜。早熟品种一般雌花的节成性高,数量多而果小,每株可留 2～3 个种瓜;中晚熟品种大瓜型的每株留 1～2 个。坐瓜太多时,应在幼瓜期摘除。在嫩瓜和老熟瓜发育的不同阶段,要根据瓜形、皮色及植株生长势等进行选择,淘汰病瓜、畸形瓜以及不符合品种特性特征的瓜。

(四)人工辅助授粉

隔离条件好的,对生产用种可在开花期每天清晨进行人工辅助授粉,把不同株的雄花花粉轻轻地涂抹到雌花柱头上,这样可显著地提高结瓜率和种子产量。

(五)后熟与掏籽

自雌花受粉到种瓜成熟需 50 天左右。种瓜采收后,一般不立即剖瓜掏籽,因为此时种子还不够饱满,发芽率低,须存放 10～20 天,经后熟后再剖瓜取籽,这样既能提高种子的质量,又可提高发芽率。西葫芦种子的休眠程度与采种果实的成熟度有关。果实成熟度高的种子休眠期短,为 2 周左右;如果种瓜成熟度差,种子休眠期长,可达 8 周左右。西葫芦的种子在后熟过程中,有时可在果实中发芽,所以后熟时间不宜过长。

掏籽时,可将瓜皮纵切后用手掰开,把瓜瓤和种子取出,放在粗筛上摇晃,以便滤去汁液和细瓜瓤,而后将其放在竹篮中,用水漂洗,冲去丝瓤,再将种子放在席上晾干,用风选方法将夹在其中的秕籽吹掉。冲洗后的种子一定要及时晾干,以免发霉而降低发芽率。

三、一代杂种制种技术

在国内外西葫芦生产中,杂交种的应用越来越普遍,育成的杂交新品种已收到明显的效益。要育成一个优良的一代杂种,一般需要进行原始材料的筛选,选育出优良的自交系,并确定杂交组合和生产杂种种子等 4 个程序。在亲本繁殖及一代杂种制种中,须注意以下几个方面。

第一,由于在低温和适当的短日照条件下有利于西葫芦雌花的着生,所以在苗期应加强温度与光照的管理,白天温度掌握在 20℃～25℃,夜间在 12℃左右,每日光照以 12 个小时为宜。

第二,在进行杂种制种时,父母本的种植比例为 1:4～5,即母本种植 4～5 行,父本种植 1 行。同时,由于采种栽培每株只选留 1～2 个种瓜,其他的瓜要全部摘掉,同时要配合以打杈、摘心等技术,所以应比菜用栽培适当密植。

第三,对母本上出现的雄花,在蕾期就必须摘除干净,这样才能保证母本上收获的种子都是杂种一代的种子,并实行人工辅助授粉,这样其结果率要比自然放任授粉的高得多。人工辅助授粉一般在早晨进行,除去雄花的花冠,手握花柄,把雄花蕾中已开裂的花药轻轻涂抹在雌蕾柱头上。1 朵雄花可授 2～4 朵雌花。

第四,在幼果发育过程中,应随时注意淘汰不符合要求的劣瓜,并经常除去多余的雌花。种瓜充分老熟后,要及时采收。

四、病虫害防治

1. 病毒病

【症状和发病规律】 该病症状表现可分为花叶型、皱缩型和混合型,花叶型最为常见。其主要表现是叶片出现不明显的淡黄色斑纹。后呈浓淡不均的小型花叶斑驳,严重时顶叶畸形,变成鸡爪状,叶色加深,有深绿色疱斑。果实近瓜柄处出现花斑,果实畸形或不结瓜。西葫芦皱缩型症状较常见,其症状表现比花叶型明显,新长出的叶片沿叶脉出现深绿色隆起的皱纹,或出现蕨叶、裂片,或叶变小,有时出现叶脉坏死,节间缩短,植株矮化,严重时不能结瓜,果面出现花斑,或产生凹凸不平的瘤状物,果实多为畸形,食用价值降低,严重时病株枯死。有些植株症状具有上述两种病毒病的特点,则称混合型症状。

在高温、干旱、日照强、管理粗放和缺水缺肥的情况下,病毒病发病严重。西葫芦感染病毒后,在温度为18℃和25℃时,潜育期分别为11天和7天。

【防治方法】 ①从无病株上留种。播种前,对种子进行消毒。对商品种子,用10%磷酸三钠浸种20分钟,水洗后浸种催芽,或用55℃温水浸种15分钟,或将干种子置于70℃下干热处理3天。②春季栽培时,采取早育苗、简易覆盖等措施,尽可能地早定植、早收获,避开蚜虫发病盛期。要施用充分腐熟的农家肥,前期加强中耕,以促进根系发育。配合施用氮磷钾肥,以增强抗病性。③实行3~5年的轮作,消灭田间寄主杂草,注意防止人为传毒。经常检查田间的发病情况,发现病株立即拔除并烧毁。④苗期及时防治蚜虫和温室白粉虱。

在西葫芦育苗和生产过程中,应避免与其他瓜类蔬菜混栽,早期要防止有翅蚜和白粉虱的迁入。在蚜虫点片发生阶段,及时采用药剂防治,对防止病毒病传播有良好效果。

2. 其他病虫害防治

在西葫芦生产中,还易发生白粉病、灰霉病、蚜虫、白粉虱、红蜘蛛等病虫害。其病状、发生规律和防治方法基本与黄瓜病虫害相同,可参考黄瓜相应病虫害的防治方法。

第五章　南瓜制种技术

南瓜，又称中国南瓜、饭瓜、番瓜、倭瓜、窝瓜。是葫芦科南瓜属中的一个种，为 1 年生草本植物，原产于中、南美洲。主要分布在中国、印度、马来西亚及日本等国。我国南瓜栽培历史悠久，早在明朝就有记载。目前，尤以云南、河南、湖北、贵州、河北、山西等省栽培较多。南瓜的适应性很强，能在不适宜耕作的间隙地生长，我国广大农村宅前屋后都有栽培，是农村庭院的主要蔬菜。

一、与制种有关的生物学基础

(一)植物学特征

1. 根　南瓜的根系发达。种子发芽后长出的直根入土可深达 2 米左右。一级侧根有 20 余条，一般长 50 厘米左右，最长的可达 140 厘米，并可分生出三级、四级侧根，形成强大的根群。其主要根群分布在 10～40 厘米的耕作层中。南瓜根系在旱田或瘠薄的土壤中均能正常生长。

2. 茎　南瓜茎蔓生，分主枝及一级、二级侧枝。一般蔓长 3～5 米，长的可达 7～10 米，少数有短缩的丛生茎。茎中空，具有不明显的棱。在匍匐茎节上易产生不定根，起固定枝蔓和辅助吸收水分的作用。由于其分枝性较强，栽培中需进行植株调整。

3. 叶　叶互生，叶片肥大，深绿色或鲜绿色；叶柄细长而中空,无托叶。叶片有五角,掌状;叶面有柔毛,粗糙。沿着叶脉有白斑,白斑的多少、大小及叶色浓淡因品种而异。叶腋处着生雌花、雄花、侧枝及卷须。

4. 花 南瓜的花型较大,雌花、雄花同株异花,异花授粉,虫媒花。雌花大于雄花,鲜黄色或黄色,筒状。雌花子房下位,柱头三裂,花梗粗,从子房的形态可以判断以后的瓜形。雄花比雌花数量多,出现早并先开放;有雄蕊 5 个,合生成柱状,花粉粒大,花梗细长。花冠五裂,花瓣合生,呈喇叭状或漏斗状。南瓜的果实是由花托和子房发育而成的。南瓜花在夜间开始开放,早晨 4～5 时盛开,下午萎蔫。短日照和较大昼夜温差有利于雌花形成,并可降低着生的节位,有利于早熟。主茎基部侧蔓雌花着生节位高,主茎上部侧蔓雌花着生节位低。

5. 果实 南瓜果实形状有扁圆、圆筒、梨形、瓢形、纺锤形、碟形等。瓜皮颜色也因品种而异,底色多为绿色、灰色或粉白色,间有浅灰色、橘红色的斑纹或条纹。南瓜的果面平滑或有明显棱线,或有瘤棱、纵沟。果肉多为黄色、白色或浅绿色。果实分外果皮、内果皮、胎座 3 部分。一般为三心室,6 行种子着生于胎座。也有的为四心室,着生 8 行种子。肉厚一般为3～5 厘米,有的厚达 9 厘米以上。肉质致密。瓜梗硬,木质化,断面呈 5 棱,上有浅棱沟,与瓜连接处显著膨大,呈五角形底座。

6. 种子 南瓜种瓜成熟后,籽粒饱满,籽皮硬化,种子形状扁平,边缘肥厚。种子多为灰白色、淡黄色、淡褐色或黄褐色。千粒重 125～300 克。种子寿命 5～6 年。

(二)生长发育规律

南瓜的生育周期包括发芽期、幼苗期、抽蔓期及开花结瓜期。

1. 发芽期 从种子萌动至子叶开展,第一真叶显露为发芽期。一般用 50℃～55℃ 温水浸种 15 分钟,不断搅拌待水温降低至 30℃ 时,再浸种 4 个小时左右,在 28℃～30℃ 的条件下催芽 36～48 个小时。在正常条件下,从播种至子叶展开需 4～5 天。从子叶展开至第一片真叶显露需 4～5 天。

2. 幼苗期 自第一真叶开始抽出至具有 5 片真叶,还未抽出卷须为幼苗期。这一时期植株直立生长,在 20℃～25℃ 的条件下,生长期为 25～30 天;如果温度低于 20℃ 时,生长缓慢,生长期为 40 天以上。早熟品种可出现雄花蕾,有的也可显现出雌花和侧枝。

3. 抽蔓期 从第五片真叶展开至第一雌花开放,一般需 10～15 天。此期茎叶生长加快,从直立生长变为匍匐生长,卷须抽出,雄花陆续开放,为营养生长旺盛的时期。此期茎节上的腋芽迅速生长,抽发侧蔓;同时,花芽亦迅速分化。此期要根据品种特性,注意调整营养生长与生殖生长的关系,同时注意压蔓,促进不定根的发育,以适应茎叶旺盛生长和结瓜的需要,为开花结瓜期打下良好基础。

4. 开花结瓜期 从第一雌花开放至果实成熟为开花结瓜期。茎叶生长与开花结瓜同时进行,到种瓜生理成熟需 50～70 天。早熟品种在主蔓第五至第十叶节出现第一朵雌花,晚熟品种推迟至第二十四叶节左右。在第一朵雌花出现后,每隔数节或连续几节都能出现雌花。不论品种熟性早晚,第一雌花结的瓜小,种子亦少,早熟品种尤为明显。

(三)对环境条件的要求

1. 温度 南瓜可耐较高的温度,对低温的忍耐能力不如西葫芦。种子在 13℃ 以上开始发芽,以 25℃～30℃ 为发芽最适温。10℃以下或40℃以上时不能发芽。根系伸长的最低温度为6℃~8℃,根毛生长的最适温度为28℃~32℃。生长的适宜温度为18℃~32℃,开花结瓜的温度不能低于15℃。温度高于35℃时,花器官不能正常发育。果实发育最适宜温度为25℃~27℃。夏季高温期生长易受阻,结果停止。

2. 光照 南瓜属短日照作物。雌花出现的迟早与幼苗期温度的高低和日照长短关系密切,在低温与短日照条件下,可降低第一雌花节位而提早结瓜。如对夏播的南瓜,在育苗期进行不同的遮光试验,缩短光照时间,每天仅给8个小时的光照,处理15天的前期产量比对照高60.2%,总产量高53%;处理30天的分别比对照高116.9%和110.8%。南瓜对于光照强度要求比较严格,在充足的光照下生长健壮,弱光下生长瘦弱,易于徒长,并引起化瓜。在高温季节,阳光强烈,易造成严重萎蔫。所以,高温季节栽培南瓜时,应适当套种高秆作物,以利于减轻直射阳光对南瓜造成的不良影响。由于南瓜叶片肥大,互相遮盖严重,田间消光系数高,将影响光合产物的产生,所以须进行必要的植株调整。

3. 水分 南瓜有强大的根系,具有很强的耐旱能力。但由于南瓜根系主要分布在耕作层内,蓄积水分有限;同时,南瓜茎叶繁茂,叶片大,蒸腾作用强,每形成1克干物质需要蒸腾掉748~834克水。土壤和空气湿度低时,会造成萎蔫现象;土壤和空气湿度低持续时间过长,亦易形成畸形瓜。所以,要及时灌溉,南瓜植株才能正常生长和结瓜,取得高产。但湿度太大时,南瓜易于徒长。雌花开放时,若遇阴雨天气,亦易落花落果。

4. 土壤和营养 南瓜根系吸肥吸水能力强,一些难于栽培其他蔬菜的土地都可种植。但土壤肥沃,营养丰富,有利于雌花的形成,雌花与雄花的比例增大。其适宜的土壤pH值为6.5～7.5。在南瓜生长前期氮肥过多,容易引起茎叶徒长,头瓜不易坐稳而脱落,过晚施用氮肥则影响果实的膨大。南瓜苗期对营养元素的吸收比较缓慢,甩蔓以后吸收量明显增加,在头瓜坐稳之后,是需肥量最大的时期,营养充足可促进其茎叶生长,有利于获得高产。南瓜对氮磷钾三要素的吸收量比西葫芦约高1倍,是吸肥量最多的蔬菜作物之一,在其整个生育期内对营养元素的吸收以钾和氮为多,钙居中,镁和磷较少。每生产1 000千克南瓜需吸收氮(N)3.92千克,磷(P_2O_5)2.13千克,钾(KO_2)7.29千克。施用厩肥和堆肥对南瓜生长有良好效果。

(四)开花结果习性

南瓜花单生,花冠大,鲜黄色,呈筒状。一般雄花比雌花多,早开放。雄花花梗细长,有雄蕊5个,合生成柱状,花粉粒大,借助昆虫传粉。雌花花梗粗壮,子房下位,从子房的形态可以判断以后的果形。花萼着生于子房上,花冠5裂。花瓣合生,呈喇叭状或漏斗状。南瓜果实由花托和子房发育而成。子房阶段,主要是细胞分裂;果实发育长大阶段,主要是细胞膨大。果实分外果皮、内果皮、胎座3部分。一般为三心室,6行种子着生于胎座,也有的为四心室,着生8行种子。种瓜成熟后,种粒饱满,种皮硬化。种子由种皮、胚乳和胚3部分组成,种子外形扁平,种皮因种和品种而不同,有灰白色、乳白色、淡黄色、黄褐色、棕色等。

南瓜的主蔓和侧蔓都能开花结果,一般以主蔓结果为主。早熟品种在主蔓有5～10片叶时出现第一朵雌花。中熟品种主蔓长到10～18片叶才出现第一朵雌花,晚熟品种甚至推迟到有 24 片叶左右才出现雌花。第一朵雌花后每隔数节或连续几节都出现雌花。无论品种熟性早晚，第一朵雌花结的果都比以后结的果小，种子也少，早熟品种更为明显。

南瓜花在夜间 1 时开始开放，凌晨 4～5 时盛开。盛开的雄花花粉最多，授粉后结果率也最高。据试验，开花当天 4 时授粉，结果率为 73.6%，5 时为 64.8%，6 时为 65.8%，7 时为 44.7%，8 时为 36.8%，9 时为 26.3%，10 时为 26.3%，11 时为 15.8%，12 时为 10.5%。南瓜开花后，随着授粉时间的推延，结果率成直线下降趋势。因此，授粉应在 8 时以前进行。10 时以后授粉，结果率很低。

南瓜在自然授粉的情况下，异株授粉结果率占 65%，自交的占 35%，利用异株花粉结果的植株占多数。从人工授粉和自然授粉的效果看，人工授粉结果率为 72.6%，而自然授粉的结果率仅为 25.9%。人工授粉对提高结果率的影响极为显著。

另外，南瓜种之间远缘杂交时，有的杂交结果率很高。尤其是以印度南瓜为母本，中国南瓜为父本，结果率为 39%，单果种子数达 126.7 粒。中国南瓜为母本，印度南瓜为父本，结果率为 41.8%，单果种子数平均为 7.7 粒。南瓜种间杂交，为育种工作开辟了一条新的途径，而对留种田的隔离也带来容易忽视的问题。

二、常规品种制种技术

目前，我国生产中采用常规南瓜品种较普遍。南瓜的采种要注意选纯复壮的工作，防止品种的退化和混杂。

（一）选留原种

在大面积生产田或制种田中，要选择生长健壮、符合品种特征特性的植株，用人工隔离和授粉的方法选留原种。在南瓜开花结果初期，要选择具有本品种特性、生长健壮、抗病力强的植株。同时要注意选节间短、雌花多、坐瓜早、子房端正的雌花。对于入选的种株要做明显标志，可插上竹竿或挂上标牌。在开花时进行人工辅助授粉，其方法是选择主蔓第二、第三朵雌花，在开放的前1天，将花蕾用发卡卡住花冠，或用5安培保险丝捆住花冠，同时应将未开的雄花花蕾捆住，翌日清晨进行人工授粉。授粉时将雌花花冠剪短，然后取异株上的雄花，除去花瓣，将雄蕊上的花粉均匀地涂抹在雌花的柱头上。授粉后，雌花花冠仍需卡住或捆住，花柄处挂小塑料牌做记号。如2～3天后子房膨大，即表明授粉成功。每个入选的种株可授粉2～4个果，对于非人工授粉而属自然授粉的瓜要及早摘除。到了果实膨大盛期要进一步根据植株形态表现及病害发生情况，再次挑选具有本品种特性的瓜留种，再次淘汰不符合本品种特性的种株。早熟品种每株可留3～4个瓜，中熟种每株留2～3个瓜，晚熟种大果型的可留1～2个种瓜。采收成熟种瓜和掏种时，还要进行第三次选择，即老熟种瓜采后留置后熟时，要根据瓜的表面特征、种皮颜色、花纹表现进行选择淘汰。掏籽前，用打孔法或切开果实进行观察，选取瓜肉厚、瓜瓤少、皮薄、味香、糖分高、淀粉多而发面的果实留种，严格淘汰劣瓜，以保证原种的质量和纯度。

（二）隔　离

南瓜是雌雄异花同株的虫媒花作物，蜜蜂等昆虫是传花授粉的媒介，所以要注意品种间的隔离，隔离距离应在1 000米以上。同时还要注意南瓜和笋瓜（印度南瓜）、西葫芦的种间隔离。因为笋瓜与南瓜杂交结实率很高，如果用笋瓜做母本，南瓜做父本，结果率可达39％左右；用南瓜做母本，笋瓜做父本，结果率可达42％左右。所以，它们之间的隔离距离也应在1 000米以上。以南瓜做母本与西葫芦（美洲南瓜）杂交，虽然也有一定的亲和力，但所结种子极少，以西葫芦做母本与南瓜杂交，则种子更少，而且仅可以得到只有胚的不完全种子。但西葫芦花粉有促进南瓜果实膨大的作用，所以它们之间也应适当隔离。

（三）留　瓜

南瓜采种田开花前和开花初期要进行必要的去杂去劣。在适当的位置选留种瓜。主蔓上第一雌花结的瓜一般不做种瓜，开花前即应摘除，第二雌花以后结的瓜留做种瓜。早熟品种每株可留瓜3～4个，中熟品种每株留2～3个瓜，晚熟品种大果型只留1～2个瓜，以留第二个瓜做种瓜为好。种瓜留的太多，子种质量差。在嫩瓜和老熟瓜发育的不同阶段，要根据瓜形、皮色、花纹、植株生长表现等进行选择，淘汰病瓜、畸形瓜以及不符合本品种特性特征的瓜。

（四）人工辅助授粉

南瓜是雌雄异花授粉的植物，依靠蜜蜂、蝴蝶等昆虫传播花粉而受精结果。在自然授粉的情况下，异株授粉结果率占65％，本株自交授粉的结果率占35％。从人工授粉和自然授粉的效果看，人工授粉的结果率可达72.6％，而自然授粉的结果率仅为25.9％，所以人工授粉对提高南瓜的结果率极为有利。特别是在南方栽培南瓜,开花时多值梅雨季节,湿度大,光照少,温度低,往往影响南瓜授粉与结瓜,造成僵蕾、僵果或化果。所以,采用人工授粉的方法,可以防止落花,提高坐果率。

人工授粉的具体做法是:一般南瓜花在凌晨开放,早晨4~6时授粉最好。人工授粉要选择晴天上午8时前进行,选当天开的雌花和雄花,把不同株的雄花花粉轻轻地涂抹到雌花柱头上。如果是在严格的隔离条件下,没有昆虫传粉时,必须进行人工辅助授粉。

(五)后　熟

从雌花授粉到种瓜成熟需50天左右。采收种瓜时要根据瓜的表面特征,如颜色、花纹、大小等表现进行选留或淘汰。种瓜采收后,一般不立即剖瓜掏籽,因为此时种子还不十分饱满,发芽率低,须存放10~20天进行后熟处理,再剖瓜取籽,这样既可提高种子的质量,又可提高发芽率。种瓜采收后不经后熟处理,其种子的发芽率仅为5%,经后熟10天处理的发芽率可提高到81%,后熟20天的发芽率可提高到90%。但后熟的时间也不宜过长,以免种子在果实中发芽,造成损失。

(六)掏　种

掏籽时,用打孔法或切开果实进行观察,选取瓜肉厚、瓜瓤少、皮薄、味香、糖分高、淀粉多而发面的果实采种,严格淘汰劣瓜。选好种瓜后,将其剖开,取出种子洗净晒干。也可以不淘洗,直接取出晒干后,搓去浮皮取种。种子干燥后要存放在干燥的地方。在农村条件较差的地方,可将种子放入干净无污染的瓦罐或有两层盖子的塑料桶中,罐(桶)底用生石灰包垫好,再将罐口封严。也可将种子放于口袋中,放在用木板垫起的凉爽干燥地方。要注意保管,防止虫蛀、鼠害和种子受潮变质。

南瓜采种量因品种而异,单瓜中的种子数量,少的仅有数粒,多的达 400 余粒。千粒重也不一致,小种子千粒重仅为100~130 克,大种子千粒重可达 160 克。一般 100 千克种瓜可采种子1~2 千克。

三、一代杂种制种技术

南瓜的一代杂种制种较简便,其增产效果明显。在隔离区内生产杂交种子时,把母本的自交系在田间种 2~3 行再种 1行父本。晚熟的中国南瓜和印度南瓜,其植株生长旺盛,蔓容易缠绕在一起,父母本可以分片种植。

(一)人工授粉制种

在同一块田里,如有两个以上父本杂交组合,或周围还有南瓜田的情况下,就需要采用人工授粉的办法。南瓜花大,捆花和授粉工作简单省工,对翌日即将开放的雌花、雄花,可在头天下午用发卡卡住花冠,或用保险丝捆住,翌日早晨授粉,授粉后雌花仍需卡住。一个普通劳动力半天可完成200~300朵花的授粉。1 个瓜结 100~400 粒种子,可得到 2 万~12 万粒种子。所以,南瓜的人工授粉是很经济的。为了确保种瓜有足够的时间生长发育,授粉时尽量用前期的雌花,即第二至第三朵雌花,授粉时间可持续 7~10 天。

（二）人工去雄，自然授粉

人工去雄，自然授粉的方法适用于矮生南瓜（如无蔓南瓜等），但应注意须具备以下条件：植株紧凑，花集中，有隔离条件，隔离区内无其他品种的南瓜生长。花从长出 3～4 厘米到开放，需要 15 天左右。在这段时间里，将母本上的雄花全部摘除，并在开花之前仔细检查，切勿遗漏。这样就能保证母本上收获的种瓜都是经过杂交的。做父本的自交系仍保持有雄花和雌花，通过本系统内株间混合授粉而结瓜，因此，在获得杂交种子的同时，还可获得父本的自交系种子。至于母本的自交系种子，需在另外的隔离区繁殖。

（三）化学去雄，自然授粉

南瓜制种可以利用乙烯利去雄，既省工，又简便。乙烯利去雄的方法是：在母本有 4～5 片叶时，喷洒浓度为 400 毫克/千克的乙烯利溶液，7～10 天后再喷 1 次，这样母本植株出现的基本上都是雌花。种株开花后，便可借助昆虫进行自然授粉。由于乙烯利去雄不可能十分彻底，还会有少量雄花出现，因此，要经常检查母本中的雄花，如有发现应在蕾期及时摘除，避免出现假杂种。采用乙烯利去雄，也必须有 1 000 米距离的隔离区。无论人工去雄还是化学去雄，在借助昆虫传粉的同时，应进行人工辅助授粉。

南瓜制种中的病虫害防治方法，基本与黄瓜相同，请参考黄瓜的病虫害防治方法。

第六章　苦瓜制种技术

苦瓜,又称凉瓜、癞瓜、金(锦)荔枝、癞葡萄、红姑娘。苦瓜果实中含有一种糖苷,具有特殊的苦味。苦瓜为原产于印度热带地区的1年生草本植物,在热带、亚热带和温带地区广泛栽培。约在明代初传入我国南方。苦瓜主要在广东、广西、福建、台湾、四川、湖南等地栽培,现在北方也普遍栽培。

一、与制种有关的生物学基础

(一)植物学特征

1. 根　苦瓜为直根系,根系比较发达,但根系主要分布在地表20~30厘米内。苦瓜喜欢疏松肥沃的土壤,较喜欢湿润,忌积水,积水易造成根系窒息而死亡。

2. 茎　苦瓜茎蔓生,细长,可长达3米左右。主蔓各节均能发生侧枝,并可形成多级侧枝,植株在适宜温度下生长繁茂。一般主蔓上10节以上才会发生雌花,而侧蔓在第一至第二叶节即可发生雌花。所以,栽培中应根据栽培的环境条件和株行距及时进行必要的打杈等整枝管理,特别是保护地栽培必须打杈,以改善田间的通风透光,减少病虫害,促进果实膨大。一般基部侧枝要全部打去。

3. 叶　苦瓜最初发芽出苗展开的两片叶为子叶,以后再出现的为真叶。子叶生长的好坏与种子的成熟度有关,种子成熟度好,子叶肥厚、圆满。如果种子成熟度不好,子叶易畸形,小而薄。初生真叶两片对生,盾形,绿色,以后的真叶互生,为掌状、浅裂或深裂,呈钝锯齿形。

4. 花 苦瓜花为雌雄同株异花,花冠黄色,虫媒花。在保护地反季节栽培,应进行人工辅助授粉,以促进坐果。

5. 果实 苦瓜果实的颜色、形状、大小,因不同的品种而异。果实形状有纺锤形、长棒形、圆锥形等,果面有许多瘤状突起,瘤状突起有长条瘤、短条瘤和突瘤之分。嫩果一般为青绿色和浅白色,也有的为乳白色。老熟的果实为橙红色,易开裂。果瓤鲜红色,有甜味。

6. 种子 苦瓜种子较大,扁平,似龟甲状,两端有锯齿,表面有雕纹,为白色或棕褐色,种皮坚硬。千粒重 150～200 克。在常温下贮藏的种子发芽年限为 3～5 年,生产中使用年限为 1～2 年。苦瓜种皮厚,发芽较慢,发芽对温度的要求较高,出土时间较长,播种前应进行种子处理。

(二)生长发育规律

苦瓜的生长发育过程可分为发芽期、幼苗期、抽蔓期和开花结果期 4 个时期。整个生长期需 100～200 天。

种子发芽期是指从种子萌动到子叶展开为止,此期如果在适宜的温度和湿度下可迅速发芽,需 5～10 天。

幼苗期是指从第一真叶开始出现到 5～6 片真叶展开,植株开始出现卷须为止,在 20℃～25℃的适宜温度下为 25 天左右。此期花芽开始分化,管理上主要采用控温的方法培育壮苗。幼苗期要注意防止高温,特别是注意防止高夜温,以及水分过多而造成徒长苗。

抽蔓期是指从幼苗开始发生卷须到植株开始现蕾(雌花)为止。此期茎由原来的直立生长转向匍匐生长,植株由营养生长为主转向生殖生长和营养生长并举。管理上要促进植株生长，以形成强大的根系和健壮的地上部，同时要促进坐果。

开花结果期指植株从现蕾开始直到生长结束为止。此期时间的长短与栽培水平和栽培环境条件有关，露地栽培一般为 50～70 天，在保护地中栽培可长达 150 天以上。

(三)对环境条件的要求

1. 温度 苦瓜喜温暖，耐潮湿，不耐寒。苦瓜对温度的适应性较强，在 10℃～35℃ 内均可生长。根系生长发育的适宜温度为 18℃～25℃。地温过低，根系生长慢；地温过高，根系易木栓化，植株易早衰。不同品种的耐低温性有所不同。一般早熟品种较耐低温，中、晚熟品种较耐高温。苦瓜种子发芽的适温为 30℃～35℃，20℃ 时发芽缓慢，13℃ 下发芽困难。幼苗期的生长适温为 20℃～25℃，抽蔓期和开花结果期的适温为 20℃～30℃（最适为 25℃ 左右），并能耐 35℃～40℃ 的高温。幼苗期 15℃ 以下的低温和 12 个小时以下的短日照，有利于降低第一雌花的节位。

2. 光照 苦瓜虽属于短日照植物，但对日照时间的长短要求不严格。大多数栽培的品种在不同日照时间下均能开花。苦瓜要求较强的光照强度，如果光照太弱，易引起落花落果。幼苗期光太弱会造成幼苗生长细弱、徒长，对低温等不良环境的抵抗能力差。

3. 水分 苦瓜喜湿但不耐涝，要求土壤的相对湿度为 80%～85%。特别是在开花结果期，要求较湿润的条件，但不能积水，积水将造成根系窒息。所以，栽培中要防止大水漫灌，雨季注意排水。较高的空气相对湿度有利于苦瓜生长发育。

4. 土壤和营养 苦瓜对土壤的要求不太严格，但根系对积水缺氧敏感，所以应选择土壤排水良好、通气性好的肥沃砂壤土栽培苦瓜。土壤中含有丰富的有机质，是苦瓜植株健壮生长和取得高产优质的基本保证。如果土壤肥力不足，易造成产量低、品质差、果实小，且植株易早衰。

二、常规品种制种技术

苦瓜喜欢排水良好、肥沃的土壤，积水易造成苦瓜根系窒息。华北等地区播种期一般在3月中旬，苗龄40天左右，于4月底至5月上旬定植。栽培的行距一般为60厘米左右，株距为30厘米。北方早春较干旱，苦瓜开花结果期要多浇水追肥。雨季加强排水，土壤不能积水。露地栽培由昆虫传粉，一般不用人工授粉。支架以"花架"为宜，花架抗风能力较强。

苦瓜留种应从具有本品种特性的植株采种。选中部健壮、正常的果实，每株可采4~5个种果。当果实顶部转黄时采收，采收后后熟2天左右剖种，种子用清水洗净晾干。单果种子数30粒左右。每667平方米产种子20~25千克。种子不能在烈日下暴晒，否则会降低甚至失去发芽力。苦瓜种子宜通气贮藏，密闭会降低发芽率。

苦瓜种果必须适时采收。采收过早，瓜内种子未充分成熟，影响发芽率和产量；采收过晚，种瓜容易在植株上自然开裂，如遇雨水易发芽。

采种田周围800米内不能有其他品种的苦瓜。

苦瓜病虫害的防治方法同黄瓜。

第七章 丝瓜制种技术

丝瓜,又称天丝瓜、天罗、天络、布瓜。其老熟果实内纤维(筋)发达,错综罗织,俗称丝瓜络、丝瓜筋,可做药用或做洗涤用具。丝瓜为葫芦科丝瓜属的1年生草本植物,原产于印度热带地区,元朝时传入我国南方。丝瓜生长强壮,适应性广,病虫害较少,栽培较易成功。我国华南、华东、华中等地区栽培较多,一般主要集中在春夏季露地栽培。近年来,北方地区对丝瓜的需求不断增加,栽培的面积也越来越大。丝瓜适于高温多湿的季节生长,是夏、秋季供应市场的重要果菜之一。

一、与制种有关的生物学基础

(一)植物学特征

1. 根   丝瓜的根系很发达,侧根多,分布深而广,再生能力较强。茎节上易发生不定根。主根正常时可入土1米以上,但主要分布在30厘米以内的耕作层中,吸收能力和抗旱能力都很强。所以,在栽培中要注意深耕土壤,多施基肥,这对于丝瓜的高产优质尤为重要。

2. 茎   丝瓜的茎为蔓生,生长旺。其主蔓长可达5~10米,分枝力极强,但一般只分生一级侧枝(子蔓)。主蔓上着生的雌花较少,而且节位较高。主蔓一般从第六节开始着生大量的雄花,侧枝上易着生雌花早而多。叶腋间着生卷须,以缠绕他物。生长前期以主蔓结瓜为主,后期以侧蔓结瓜为主。由于其侧枝发生力强,所以密植栽培特别是保护地栽培要注意打权,或留短权。

3. 叶 丝瓜叶片为掌状裂叶或心脏形叶,互生,深绿色,叶脉明显,叶片大,光合作用旺盛。

4. 花 丝瓜的花着生于叶腋,雌雄同株异花。花冠黄色。一般雌花为单生,也有的品种在较低温度下出现多个雌花。雄花为总状花序,每花序 10 余朵花。生产中为减少养分消耗,可采取摘除部分雄花的方法。丝瓜异花授粉,靠昆虫传粉。丝瓜的花在下午 4～5 时以后开放,黄昏时开放最多。雌花开始着生的节位因不同的品种而不同,一般早熟品种在第十节出现第一朵雌花,晚熟品种常在第二十节出现第一朵雌花。侧蔓上一般在第一至第五节开始出现雌花。第一朵雌花出现后,以后节位上雌花节率较高,但坐瓜率与肥水和其他管理有关。在肥水充足、管理精细的条件下,坐果多,质量好。丝瓜单性结实性差,在保护地栽培中要注意进行人工授粉。

5. 果实 丝瓜果实一般为圆筒形或长纺锤形,瓜皮绿色,果实的长度因品种不同而异。老熟瓜为褐色或黑褐色,外皮下形成的网状强韧的纤维即为丝瓜络。果面分为有棱和无棱两类,有棱的称为棱丝瓜,无棱的为普通丝瓜。一般嫩果表面生有茸毛,果肉为白色或淡绿白色。老熟后果面光滑或有细皱纹。

6. 种子 丝瓜的种子着生于丝瓜络内。种皮革质,坚硬,光滑。棱丝瓜的种皮较粗糙,且有不太明显的刻纹。丝瓜种子一般为扁平椭圆形,黑色。种子千粒重 100～180 克。丝瓜种子的发芽年限为 5 年左右。

(二)生长发育规律

在适宜的生长季节,丝瓜种子发芽期为 5~7 天,幼苗期为 20~30 天,抽蔓期为 15 天左右,开花结果期可达 60~110 天。由于各地适于丝瓜生长的时期不同,从播种到采收结束为 100~150 天。

丝瓜一般先发生雄花,后发生雌花。如果苗期给予低温、短日照处理,可提早开花,甚至先发生雌花。第一雌花出现后,各节可连续发生雌花。花后 18 天左右果实最重,一般在花后 10 天左右采收嫩果,此时品质最佳。从开花到果实生理成熟需 40~50 天。

(三)对环境条件的要求

1. 温度 丝瓜起源于高温多雨的热带,喜欢较高温度,为喜温耐热的蔬菜。在高温下生长健壮,茎粗叶大,果实生长快而大。生长的适宜月平均温度为 18℃~24℃,开花结果期要求温度更高,一般适宜的月平均温度为 26℃~30℃。30℃以上也能正常生长发育。丝瓜幼苗有一定的耐低温能力,在 18℃左右还能正常生长,气温低于 15℃时生长缓慢,低于 10℃时生长受到抑制,5℃以下时生长不良,低于 0℃时则受冻害死亡。其种子在 30℃~35℃时发芽最快,但幼芽细弱。最适宜的发芽温度为 28℃,20℃以下时发芽缓慢。

2. 水分 丝瓜根系发达,有较强的抗旱能力。但在过于干旱的情况下,果实易老,纤维增加,品质下降。丝瓜又是最耐潮湿的瓜类蔬菜,即使受到雨涝或一定时间的水淹,也能正常开花和结果。普通丝瓜比棱角丝瓜的耐湿性还要强。

3. 光照 丝瓜属于短日照植物,但大多数栽培品种对光照要求不太严格。但是,在短日照条件下,雌花发生较早而且较多,开花坐果良好;在长日照条件下,雌花发生较晚而且少。但不同的品种对日照长短的反应差别较大。一般丝瓜抽蔓期前需要较短的日照和稍高的温度,以利于茎叶生长和雌花的分化;开花坐果期需要较高的温度和较长的日照或较强的光照,以促进营养生长和开花坐果。丝瓜有一定的耐阴能力,在树荫下也能生长。但一般在光照充足的条件下有利于丰产优质。连续的阴雨天气或过度的遮荫会严重影响植株的生长和雌花的形成,造成落蕾落花。北方地区露地栽培丝瓜,7～9月丝瓜生长健壮,坐果较多,品质也好。如果在冬季保护地中栽培,由于日照强度较低,温差较大,丝瓜雌花分化较多,应加强肥水管理,以促进坐果,同时进行必要的疏花疏果。

4. 土壤和肥料 丝瓜对土壤和肥料的要求不太严格,且适应性广。但以在土壤深厚、含有机质较多、排水良好的肥沃壤土上生长最好。施肥以氮肥为主,配合施入磷、钾肥,有利于高产和优质。土壤适宜的 pH 值为 6～6.5。

二、常规品种制种技术

丝瓜的采种可结合丝瓜生产田进行。但必须严格进行品种间的隔离,要求不同的丝瓜品种间距 1 000 米以上。最好用精选的丝瓜原种专门设繁种田进行采种。丝瓜留种以根瓜和第二条瓜为好,因为根瓜结果早,生长发育时间长,种子饱满,种子质量好。留种时,选生长健壮、无病虫害、茎、叶、花、果等性状具有本品种典型特征的植株,对其第一朵或第二朵雌花进行人工辅助授粉。授粉后,对授粉的雌花要做标记。但对于瓜条细长的长丝瓜品种,由于其根瓜留种易发生种瓜着地而腐烂,故这类品种的种瓜应留在较高的位置(瓜蔓刚上棚处结的瓜)。一般从开花至生理成熟需 40 天左右。种瓜发育过程中忌湿度过大,如果连续阴雨或果实接触潮湿土壤,容易感染绵腐病。

当瓜皮硬化、皮色变枯黄时,表明种瓜已充分成熟,即可采收。采后还应结合本品种的特性,再进行一次选择和淘汰,选择果型具有本品种特征、瓜条粗大且端正、瓜柄肥大、瓜条生长发育快、无病虫害的瓜做种瓜。可在瓜的顶部打几个小孔,或切除顶尖部,挂在通风良好的地方,使瓜内的水分迅速散发,待瓜条充分晾干后,再掏取种子。掏种的方法是:将干燥的种瓜撕去硬皮,露出丝瓜络,再将丝瓜络的顶部切开一个口子,用力拍打晃动,使全部的种子散落出来。丝瓜饱满的种子主要集中着生在种瓜顶部粗大部位,瓜把部分没有种子或虽有种子但发育不良。1 条种瓜一般可采收种子 200～400 粒。大型瓜品种种子较多,小型瓜种子较少。

丝瓜病虫害的防治方法与黄瓜相同。

主要参考文献

1 中国农业科学院主编．中国蔬菜栽培学．北京：中国农业出版社，1987

2 山东农业大学主编．蔬菜栽培学（北方本）．北京：中国农业出版社，1989

3 陶正平．黄瓜栽培实用技术大全．北京：中国农业出版社，1995

4 刘宜生等．冬瓜南瓜苦瓜高产栽培．北京：金盾出版社，1994

金盾版图书,科学实用,
通俗易懂,物美价廉,欢迎选购

怎样种好菜园(新编北方本修订版)	19.00 元	订版)	8.00 元
		现代蔬菜灌溉技术	7.00 元
怎样种好菜园(南方本第二次修订版)	13.00 元	城郊农村如何发展蔬菜业	6.50 元
菜田农药安全合理使用150 题	7.50 元	蔬菜规模化种植致富第一村——山东省寿光市三元朱村	10.00 元
露地蔬菜高效栽培模式	9.00 元		
图说蔬菜嫁接育苗技术	14.00 元	种菜关键技术121 题	13.00 元
蔬菜贮运工培训教材	8.00 元	菜田除草新技术	7.00 元
蔬菜生产手册	11.50 元	蔬菜无土栽培新技术	
蔬菜栽培实用技术	25.00 元	(修订版)	14.00 元
蔬菜生产实用新技术	17.00 元	无公害蔬菜栽培新技术	11.00 元
蔬菜嫁接栽培实用技术	12.00 元	长江流域冬季蔬菜栽培技术	10.00 元
蔬菜无土栽培技术操作规程	6.00 元		
		南方高山蔬菜生产技术	16.00 元
蔬菜调控与保鲜实用技术	18.50 元	夏季绿叶蔬菜栽培技术	4.60 元
蔬菜科学施肥	9.00 元	四季叶菜生产技术160 题	7.00 元
蔬菜配方施肥120 题	6.50 元	绿叶菜类蔬菜园艺工培训教材	9.00 元
蔬菜施肥技术问答(修			

以上图书由全国各地新华书店经销。凡向本社邮购图书或音像制品,可通过邮局汇款,在汇单"附言"栏填写所购书目,邮购图书均可享受 9 折优惠。购书 30 元(按打折后实款计算)以上的免收邮挂费,购书不足 30 元的按邮局资费标准收取 3 元挂号费,邮寄费由我社承担。邮购地址:北京市丰台区晓月中路 29 号,邮政编码:100072,联系人:金友,电话:(010)83210681、83210682、83219215、83219217(传真)。